はじめに

　雇用形態を問わず、企業や組織、団体などに所属したことがある人であれば、業務マニュアルを目にしたことがある人がほとんどではないでしょうか。

　飲食チェーン店における接客対応のながれを示したものや、業務上の処理を行うときに扱うソフトの操作手順など、書いてある内容のとおりに業務を行うことで、誰もが同じように業務を遂行できるようになるのが業務マニュアルです。初めてその業務に取り組む人はもちろんのこと、業務中に「あのやり方はどうするんだったかな」といったときに繰り返し参照することもできます。

　また、それだけでなく、組織やチームなどで培われた技術やノウハウを業務マニュアルにすることで、所属するメンバー全員に共有でき、貴重な財産として蓄積していくことも可能です。

　しかしながら、実際の現場では「マニュアルが分かりにくい」「マニュアルが使われていない」「内容がずっと古いまま」などの課題をよく耳にします。「そもそもマニュアルがない」「マニュアルが必要なんだけど、作り方が分からない」というケースもあるかもしれません。

　そこで、そのような実態を踏まえたうえで、業務マニュアルの作成について1冊にまとめました。

　本書は、企業向けのマニュアル作成サービスや人材育成サービスを提供する富士通ラーニングメディアの研修コースをベースにしています。マニュアルの企画や設計という計画段階からマニュアルの文章を書くときのテクニック、そして作成後の運用方法や改訂作業に必要なルール・情報収集の例まで詳しく解説しています。

　なお、第1章では、業務マニュアルの必要性についても解説していますので、「何のために作るのか」という視点をもちながら、実際の作成に取り組んでいってもらえればと思います。

　企業や組織、チームの成長に欠かせない業務マニュアル。本書が、分かりやすく・役に立つ業務マニュアル作成の一助になれば幸いです。

2024年2月8日
FOM出版

Before

分かりやすく、活用される
業務マニュアルを作るには
どうすればいいの……？

　職場で「何が書いてあるのかよく理解できない」業務マニュアルが使われていたり、作成してしまったりしていませんか？　単に業務の内容や手順だけを寄せ集め、まとめただけでは分かりにくいマニュアルになってしまいます。また、マニュアルを作った後の管理をしないままでいると、内容が更新されず古くなるばかり。そのまま誰にも使われないマニュアルになる……なんて事態に陥りがちです。

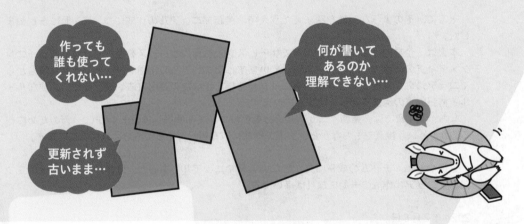

作っても
誰も使って
くれない…

何が書いて
あるのか
理解できない…

更新されず
古いまま…

ナビゲーションキャラクター

マニュアルマ次郎<ruby>次郎<rt>じろう</rt></ruby>先生

プロフィール
なぜか業務マニュアル作りに精通しているアルマジロ。
使われる・役に立つ業務マニュアルの作り方を浸透させるべく、日々奔走している。

本書で学ぶこと

業務マニュアル作成を始める前に（第1章）
「そもそもマニュアルって何？　何のためにあるの？」「実際役に立つの？」といった疑問に答えます。マニュアルの種類や利用シーン、課題などについて解説したうえで、本当に活用される業務マニュアルを作成するポイントを押さえます。

業務マニュアルの企画・設計（第2章～第4章）
マニュアル作成で最も重要な企画・設計段階について詳しく解説します。企画をまとめたら、作成方針として「目次構成案」「執筆規約」「レイアウト規約」を決めます。また、作成時と後々の運用時に便利な「テンプレート」の準備についてもここで確認しておきましょう。

業務マニュアルの作成（第5章）
実際に業務マニュアルに載せる内容を作成（執筆）していく段階です。ここでは、分かりやすい文章構造のほか、業務マニュアル向けに使える文章作成テクニックを「読みやすい文章を書く」「誤解されない文章を書く」の大きく2つに分けて紹介しています。

業務マニュアルの運用（第6章）
企画から作成まで、時間をかけて完成させた業務マニュアルも、作ったまま放置していてはやがて使われなくなります。業務マニュアルの管理の仕方、そして組織やチーム内で使われる仕組みについても視野に入れて作成を進められるようにします。

After

企画・設計から運用や改訂まで、一連のながれに沿って業務マニュアルを作成できるようになる！

本書で学んだ内容を実践することで、分かりやすく使いやすい業務マニュアルを作れるようになります。また、運用や改訂の内容まで紹介しており、完成後も活用され続けるマニュアルにするために必要なことが理解できるようになります。

目次

4章 業務マニュアルの設計②
〜作成ルールやレイアウト、テンプレートなどの準備をしよう

5章 業務マニュアルの作成
〜誰が読んでも伝わる文章にしよう

6章 業務マニュアルの運用
〜誰もがスムーズに使える仕組みを整えよう

本書をご利用いただく前に

本書で学習を進める前に、ご一読ください。

❶ 本書の記述について

本書で説明のために使用している記号には、次のような意味があります。

「　　」	重要な語句や用語を示します（例：「業務マニュアル」）。
✺ ワンポイント	解説への補足情報や、派生して知っておくと役立つ情報、ポイントについて紹介しています。
ミニ演習にチャレンジ ❯	章末では、章内で学んだ内容をもとに取り組めるミニ演習を用意しています。
✖ Before	文などを比較する場合の修正前の例です。
◎ After	文などを比較する場合の修正後の例です。

❷ 付録「チェックリスト」のダウンロード方法について

P.187の付録「チェックリスト」はダウンロードしてお使いいただけます。データはFOM出版のホームページでご提供しています。

スマートフォン・タブレットで表示する

❶スマートフォン・タブレットで、次のQRコードを読み取ると、チェックリストのPDFファイルが開きます。

パソコンで表示する

❶ブラウザーを起動し、次のホームページを表示します。

https://www.fom.fujitsu.com/goods/

※アドレスを入力するとき、間違いがないか確認してください。

❷《ダウンロード》を選択します。
❸《ビジネススキル》の《ビジネススキル》を選択します。
❹《業務マニュアルがチームのシゴトを変える　FPT2317》を選択します。
❺チェックリストのPDFファイルを選択します。

❸ 本書の最新情報について

本書に関する最新のQ＆A情報や訂正情報、重要なお知らせなどについては、FOM出版のホームページでご確認ください（アドレスを直接入力するか、「FOM出版」でホームページを検索します）。

ホームページアドレス ≫　https://www.fom.fujitsu.com/goods/　※アドレスを入力するとき、間違いがないか確認してください。

1章

業務マニュアル作成を始める前に
〜マニュアルのイメージを変えてみよう

そもそも業務マニュアルとはどのようなもので
しょうか。本当に役立つ業務マニュアルを作るた
めにも、マニュアルの種類や利用シーン、業務マ
ニュアルのメリットやよくある課題などを確認し
ておきましょう。

1 マニュアルとは？

普段よく耳にする「マニュアル」ですが、目的や利用シーンに応じたさまざまな種類があります。ここでは、本書におけるマニュアルの定義と、その役割などを解説します。

❶ マニュアルの定義

　「マニュアル」は英語で「manual」と書き、「手動で行うこと」「手引書」のような意味があります。ある作業や条件に対応する人（読み手）が、状況に即してどのように対応（あるいは操作など）するべきかを標準化・体系化して作成された文書です。マニュアルは、そのほかにも手順書、取り扱い説明書、規定集や例規集、組み立て指示書、ガイドブック、リファレンスガイドなどもあります。また昨今では、従来の紙の冊子だけではなく、HTMLページや電子ブック、eラーニングなど、電子コンテンツとして提供されることも多くなっています。

　本書では、これらを総称して「マニュアル」と呼ぶことにします。

マニュアル

手引書	手順書	取り扱い説明書	組み立て指示書
規定集	例規集	ガイドブック	リファレンスガイド

 提供形態

紙タイプ	電子コンテンツタイプ

 「例規集」とは、市政の執行に必要な市の条例や規則などをまとめた「自治体の法規集」のようなものです。

❷ マニュアルの役割と目的

マニュアルの役割は、「複数の関係者で知識や情報を共有できるようにする」ことです。知識や情報をマニュアルとしてまとめることで、以下のような効果も期待できます。

知識や情報を、

・**効率よく伝えられる**（モレなく伝えられる。後から振り返ることができる）

・**正しく伝えられる**（ブレなく、一貫性がある情報を伝えられる）

・**ノウハウとして蓄積できる**

なお、マニュアルを作る具体的な目的は、個々のケースで異なります。たとえば、職場におけるマニュアルは、業務の手順を伝えたり、システムや機器の操作を伝えたりするなど、業務を進めるうえで必要な知識や情報を共有するためにあります。一例として、以下のようなケースが挙げられます。

職場でのさまざまなケースに応じたマニュアル

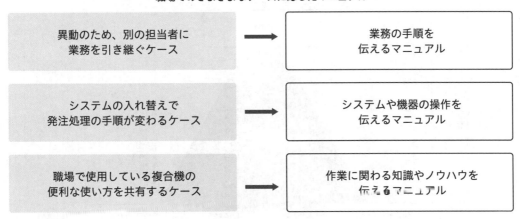

このように、ケースによって、マニュアルの目的は変わってきます。目的に応じたマニュアルを作成するためには、「マニュアルの企画」および「マニュアルの設計」工程の手順に沿って準備していくことが必要です。マニュアルの企画と設計については、第2章～第4章で詳しく解説しています。

いずれのケースも、口頭のみで伝えて、覚えてもらうにはなかなか大変です。そのため、文章や図などで効率よく正しくノウハウを伝えていく役割がマニュアルにはあります。

マニュアルとコミュニケーション

　組織において文書を作成する目的は、「読む側に情報を伝える」だけではなく、「情報を伝えることで読む側を動かす」ことが重要で、これはマニュアル作成の場合にも当てはまることです。

　アメリカの電話会社社長で経営学者であったチェスター・バーナードは、組織の要件について「達成すべき目標をみんなが共有し、その目標達成のため協働し、協働するためにみんなでコミュニケーションする。そういう活動を行う人が2人以上いること。」と定義しています。同じ目標に向かって協働する（動く）という点から、コミュニケーションは組織の成立にとって必要です。コミュニケーションには、目標・方針（方向）の共有のほか、状況（認識）の共有、正確な情報（判断・分析）の共有、ノウハウ（組織力）の共有、個の情報（相互理解）の共有といった5つの目的があります。組織の目標を達成するために、組織を構成するメンバーや組織と関係するメンバー間で、いろいろな情報を共有する機能を担います。

　そのため、よく使われる「報連相（ほうれんそう）」はもちろんのこと、マニュアルで情報を伝え、読み手に動いてもらうことも、この「コミュニケーション」にあたり、協働していくうえで組織において大切なことだと言えます。

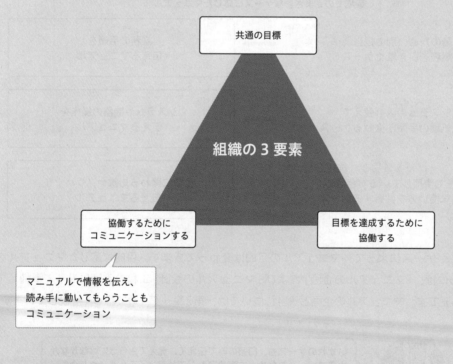

共通の目標

組織の3要素

協働するために
コミュニケーションする

目標を達成するために
協働する

マニュアルで情報を伝え、
読み手に動いてもらうことも
コミュニケーション

バーナードが定義した組織の要件は「組織の3要素」とも呼ばれています。どれか1つでも欠けるとバランスが失われ、組織不全に陥ってしまうとされるので、注意しなければなりませんね。

❸ マニュアルの種類

一般的に職場で使用するマニュアルの種類を目的ごとに分けた場合、以下のように大別できます。

種類	目的	具体例
業務マニュアル	業務における処理や作業の手順を確認するためのもの。操作マニュアルの要素を含むことがある。	接客マニュアル、伝票処理マニュアル、危機管理マニュアル、監査マニュアルなど
操作マニュアル	システムや機器、ハードウェアなどの操作を確認するためのもの。業務マニュアルの要素を含むことがある。	設置マニュアル、経費精算システム操作マニュアル、複合機操作マニュアルなど
入門マニュアル	特定の分野やよく使う項目、重要事項などの基礎知識を新人にかんたんに伝えるためのもの。業務マニュアル・操作マニュアル利用の前提知識となる。	入社時マニュアル、新人教育マニュアル、ビジネスマナーハンドブックなど

また、冊子やeラーニングなどの教材、コールセンターなどで使われるトークスクリプト（顧客に対してどのような内容を話すのか記載された営業台本）、専門用語をアルファベット順や五十音順にまとめた用語集などもマニュアルの一部と言えます。

業務マニュアルと操作マニュアルは別々に作成されることが多いですが、「業務を達成するためにシステム操作をどのように行うか」という観点から、業務マニュアル内に操作マニュアルの説明が含まれることもあります。

ワンポイント　マニュアルの整備が法的に義務づけられているケース

本書で取り扱う内容以外のものとして、企業が事業活動を健全かつ効率的に運営するための仕組みである内部統制や、製造物責任（PL）など、マニュアルの整備が法的に義務づけられているケースもあります。これらのケースでマニュアルを作成する場合には、専門的な知識が必要です。

・内部統制
金融商品取引法や会社法など

・製造物責任（PL）
製造物責任法や警告表示（危険・警告・注意）の意味、掲載位置など

2 業務マニュアルとは？

ここでは、マニュアルの中でも業務マニュアルに絞ってさらに詳しく解説していきます。また、業務マニュアルがどのような場面で利用されているかについてもあわせて確認しましょう。

❶ 業務マニュアルとは

「業務マニュアル」とは、業務における現時点の「基本ルール」や「処理・作業手順」を集約し、明文化したものです。たとえば、業務全体のフロー、業務方針、業務に関する具体的な手順、注意事項などの内容が記載されています。これらの必要な知識や情報はまとめて「ナレッジ」と呼ばれることがあります。企業や組織にとってナレッジを効率よく共有するための手段として、業務マニュアルは有用なツールの1つだと言えます。ただし、作成した業務マニュアルは、あくまでも現在の状況を写し取っただけの状態であるため、業務の変化にあわせて最新化が必要です。そのため、今後更新されていくものという前提をもって、全体のマニュアル作成を進めるとよいでしょう。

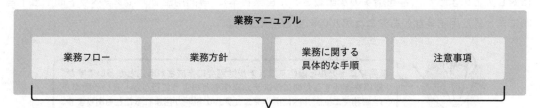

業務マニュアル			
業務フロー	業務方針	業務に関する具体的な手順	注意事項

組織にとって必要な知識や情報（ナレッジ）

🐾 ワンポイント

ナレッジ

知識や情報は「ナレッジ」と呼ばれます。一般的なナレッジの意味には、本や新聞など文章から得られる知識のほか、インターネットやセミナー、人との会話から得た知識や情報なども含まれます。一方、ビジネスシーンでは、企業のような組織にとって「有益な知識や情報・事例」や「付加価値のあるノウハウや経験」などを意味する言葉として使われます。文章として言語化された知識はもちろんのこと、まだ言語化（見える化）されていない、体験から得た技術・スキルや技能、ノウハウや経験なども含めてナレッジと言います。

❷ 業務マニュアルの利用例

　業務マニュアルにもさまざまな種類があります。ここでは、代表的な業務マニュアルが、どのように利用されているかいくつか紹介します。

接客マニュアル

　小売の販売店をはじめ、飲食やアパレルなど主に接客業に携わる従業員が利用するマニュアルです。接客の心構えやお客様が入店してから店を出るまでの接客のながれ（フロー）などが載っています。接客時における服装のあり方や身だしなみ、言葉遣いはもちろんのこと、提供する商品やサービスなどの最低限の知識も掲載されています。また、クレームへの対応方法も具体的に記載されており、トラブル発生時にも迅速に対処できます。持ち運び可能な冊子タイプで提供されているものもあれば、接客の挨拶や身だしなみ、言葉遣いなどは動画で配信されているものもあります。

営業マニュアル

　営業の一連のながれをはじめ、服装や言葉遣いなど商談中のマナーやトークスクリプト（営業台本）、自社商品・サービスの特徴などがまとめられています。営業にとって重要となる顧客の管理方法や、顧客へのアプローチ方法についても記載してあり、営業の質を一定に保つ役割があります。社内で営業活動に携わるメンバーが利用し、誰もがすぐにアクセスできるように、社内の営業部内に冊子として保管されているほか、PDFや動画などのデータとしてオンライン上に保管されている場合もあります。

危機管理マニュアル

　組織やチームのメンバーに業務上発生しうるリスクや危機管理体制などを理解してもらうためのマニュアルです。危機管理の目的、基本的な指針、準備や危機管理体制、事前にリスクの発生を防止するための内容とあわせて、実際にリスクが発生してしまった場合（緊急時）の対処方法、業務指示、緊急連絡網などが記載されています。発生した危機のレベルに応じて、取引の停止や工場のライン停止、製品の自主回収など、おおまかなシナリオが想定され、危機発生時の取り組みを確認し、迅速に実行できるようにします。

監査マニュアル

　会計監査や、業務監査、システム監査など、どのように監査を行うかを示したマニュアルです。会計監査では監査法人や公認会計士など第三者が実施することが主で、外部監査とも言われます。一方で組織が任意で設置した組織内部の担当者・部門によって行われる監査が内部監査です。監査の種類に応じて、該当の監査に携わるメンバーが利用します。監査マニュアルには、監査の目的や監査の実施手順、監査基準、留意事項、関連法規・用語集などが掲載されており、実務の際に用いられます。

3 業務マニュアルを作るメリット

マニュアルを作ることにどんなメリットがあるでしょうか。ここでは、主に業務マニュアルを作る具体的なメリットについて、大きく3つに分けて解説します。

❶ 業務を見える化できる

　業務マニュアルを作る1つ目のメリットは「業務を見える化できる」ことです。普段働いているときは、そこまで業務マニュアルを意識することはないでしょう。また、業務マニュアルがなくとも、個人の知識や経験に基づいて業務を遂行できてしまうことも多々あります。

　しかし、個人の知識や経験は、言語化されていない・できない情報である「暗黙知」（P.16）にあたります。暗黙知に頼り切って業務を行う状態が続くと、人によって業務の結果や成果にばらつきが生じたり、特定の人にしかできない工程ができてしまったり、さらには作業結果にモレが見つかって社内外のトラブルに発展したり……など、業務を遂行していくうえで不安定な状態ができあがってしまいます。

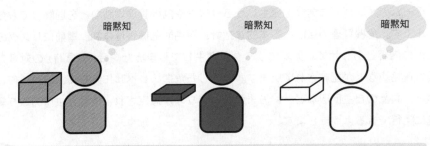

業務内容が見えない状態（暗黙知に頼っている）

暗黙知　　　暗黙知　　　暗黙知

・業務の結果や成果にばらつきが出る
・特定の人にしかできない工程ができてしまう
・作業結果にモレが見つかりトラブルに発展　　など

業務を見える化できていない（ブラックボックス化）している状況では、「自分以外の仕事のことが分からない」「○○さんだけに業務が集中していていつも忙しい」といったことが起こりやすくなります。メンバー間の連携が取れず、トラブルになったり、最悪の場合、業務が停止してしまったりするリスクが潜んでいるんですね。

　このような事態を防ぐために、業務遂行に必要な情報を集約し、業務マニュアルとして明文化しておくことが大切なのです。明文化しておくことで、組織内の誰が対応しても一定の業務品質を担保できるようになり、1人のメンバーにかかる負荷を分散させることもできます。

　さらに、急な退職や異動、やむを得ない事情などで、担当者がいなくなってしまった場合であっても、業務が停止する心配がありません。作業のヌケ・モレ・ダブリによるミス、トラブルの発生を防止することもでき、万が一のときのリスク回避にも繋がります。組織内に留まらず、業務を外部に委託する際にも、業務内容を見える化しておくことで、同様の効果を期待できるため、業務マニュアルを作っておくことは必須だと言えます。

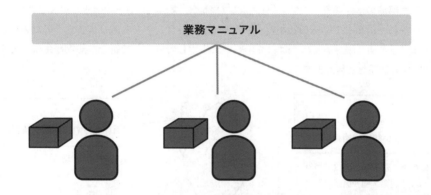

業務内容が見える化された状態

業務マニュアル

・業務の標準化（サービス、アウトプットの均一化）
・負荷の分散、属人化の防止
・業務時のヌケ・モレ・ダブリなどミスやトラブルの軽減
・ノウハウの蓄積、共有化　　　　　　　　　　　　　　　　　など

これまで知識や経験という見えないナレッジ（暗黙知）に頼っていた業務を「見える化」することで、業務品質の均一化や属人化、トラブルの防止などさまざまなメリットに繋がります。

🐾 **ワンポイント**

業務の標準化

　「業務の標準化」とは、誰が業務を担当しても、同じ結果や成果（アウトプット）になるようにすることです。業務をより細かい作業に分けて、手順ややり方、評価方法などを統一し、共有することで、担当者が変わっても同じように業務が遂行できるような環境を整えます。業務の標準化ができていると、サービスや成果物の品質が安定するのはもちろんのこと、作業時間の削減、業務の属人化防止や生産性、品質の向上を見込むこともできます。

暗黙知と形式知

　「暗黙知」とは、目には見えない個人の信念やものの見方、価値観、または言語化されていない（できない）知識や情報のことを表し、それとは反対の言葉に「形式知」があります。形式知は、言語化された知識や情報のことです。たとえば、玉子焼きを作るときに「半熟っぽく仕上げるためには大体これぐらいの火加減がいいな」や「あと少ししたらフライパンの火を止めて余熱で焼こう」といった個人の経験に基づく知識や勘、感覚的な情報は暗黙知にあたります。一方で、「卵2個」や「みりん大さじ2杯」のような材料や分量、調理手順などの情報が具体的に記されたレシピや料理本などは形式知です。

　暗黙知と形式知は、よく「氷山の一角」にたとえられます（参考：野中郁次郎,竹内弘高「知識創造企業」,東洋経済新報社,1996年3月）。海上の表面に突き出ている一部を形式知とすると、海の下に隠れている大部分の氷が暗黙知です。「見えないけれど、実はたくさんある」ということは、「言葉にできないけれど、知っていることがたくさんある」ということでもあります。そのため、暗黙知と形式知は切って切り離せるものではなく、互いに作用し合うことで新たな知識が生まれてくることを期待できる関係だと言えます。

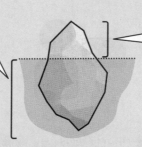

暗黙知
（言語化されていない・できない知識や情報）

暗黙知の例：個人の経験に基づくノウハウや洞察、勘や直感（行動スキル、思考スキルとも言う）など

形式知
（言語化された知識や情報）

形式知の例：料理本、マニュアル、データベース、社内FAQ など

形式知（氷山の一角）の下には、言語化されていない膨大な暗黙知（海面下の氷山）が隠れていると認識しておきましょう。

　組織や個人がもつ知識や情報を誰にでも伝えられるようにすることを、「暗黙知を形式知化する」と言います。業務に対する知識やノウハウ、個人の思考や技術などが形式知化され、組織内外で共有されることで、業務を見える化でき、業務全体の質を向上させることが可能です。

暗黙知を形式知化する

暗黙知

組織・個人がもつ知識や情報、知恵など

形式知

組織全体で知識やノウハウ、技術として共有

❷ 効率よく業務を習得できる

　2つ目のメリットは、「効率よく業務を習得できる・習得させられる」ことです。P.14〜15では、業務マニュアルを作ることで「業務の見える化」ができると解説しました。業務を見える化することで、チームに新しく入ったメンバー（新人）や初めてその業務を担当するメンバー（初心者）が身につけるべき最低限の内容も明確にすることができるのです。

　新人や初心者向けに、してもらいたいことを業務マニュアルとしてまとめておくことで、新しく入ったメンバーや初めてその業務を担当するメンバーであっても、早期に一定のレベルにまで引き上げることが可能になります。

業務の見える化で業務の習得も効率化できる

業務の見える化

業務マニュアル
作成

可能であれば
必要事項のみを
抜粋

ターゲット・用途に特化

新人・初心者向けの
業務マニュアル作成

業務フロー
業務手順
業務方針
注意事項

身につけるべき
最低限のことが
明確になる

新人・初心者

業務マニュアルの作成には、まず業務の洗い出しが必要です。細かい業務のひとつひとつが見えてくると、ターゲット（新人・初心者）に最低限覚えてもらいたいことも、同時に検討しやすくなるのですね。

🌱 ワンポイント　新人・初心者向けの業務マニュアル

　通常の業務で使用する業務マニュアルは、新人・初心者にとって内容が難しすぎたり、余分な情報が入っていたりすることがあります。そのため、研修やOJTなどで使用するには適していない場面も出てくるでしょう。可能であれば、ターゲット・用途ごとに業務マニュアルを作成しておくのがベストです。複数の業務マニュアルを作成するのが難しい場合は、研修・OJTでの利用も考慮して通常の業務マニュアルを作成しておくとよいでしょう。

　業務マニュアルがない状態では、学ぶ側はすべてメモを取る必要があり、研修やOJTなどの限られた時間での習得は大変な作業です。また、誤った内容を記録してしまう可能性もあります。反対に教える側も、すべて口頭で伝えるとなると、つきっきりで指導しなければならなくなり、自分の業務が滞ってしまいます。

また、「何を」「どこまで」教えるか、教育担当者が自ら判断しなければならず、プレッシャーにもなります。業務に対する正しい手順ややり方を伝えられているか不安に思うこともあるかもしれません。さらに、教育担当者によって教える内容や範囲が変わってくると、人によって手順ややり方が異なり、生産性が向上しないだけでなく、仕事のムダ・ムリ・ムラなどが増大し、ミスやトラブルに繋がるという悪循環に陥ってしまいます。

　業務マニュアルがあることで、学ぶ側にとっては身につけるべき内容がはっきり分かり、日々の研修やOJTとも組み合わせながら自ら学習していくことができるようになります。人によって教える内容が違うということも起こらないため、業務マニュアルを基準として、自身の到達レベルを把握することができます。

　教える側にとっても、教える内容が分かっているため、余計なプレッシャーや不安を感じる必要がありません。自分の抱える業務の傍ら、教えるべきことを考えたり、研修に必要な資料やレジュメなどを準備したりする必要もなく、教育担当者の負担を軽減することができます。

　業務マニュアルがなく、人によってやり方が異なったり、正しいやり方を自分で調べたりすることができない組織では、新人が業務を正しく習得・理解することができず、業務についていけなくなる恐れがあり、その結果、人材が流出しやすくなってしまいます。しかし業務マニュアルを作成し、「人材を育成するための環境」が整った組織にすることで、人材の流出を防ぐことに繋がります（人材の定着化）。

　また、効率よく業務を教えられるということは、業務の指示や評価が具体的になり、リーダーシップを発揮しやすくなるということでもあります。業務マニュアルを利用し、負担なく教育担当としての経験を積むことで、組織内の次期リーダーを育成する好循環を生み出すこともできるのです。

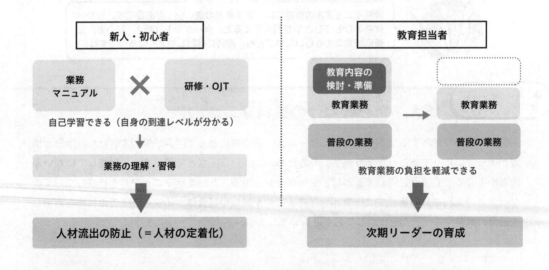

組織にとって最も避けたい人材の流出を防げると同時に、次期リーダーの育成も期待できます。また、万が一メンバーがいなくなることがあっても、業務マニュアルがあれば、引き継ぎがスムーズになりますね。

❸ 業務改善の第一歩となる

　3つ目のメリットは、業務マニュアルが「業務改善の第一歩となる」ことです。これは、マニュアルを作成し、利用した後の、応用的な使い方になります。業務マニュアルには、現時点の業務手順が写し取られています。日々、マニュアルに沿って業務を繰り返し遂行していく中で、「これはマニュアルに書かれているやり方よりも、こうしたほうが効率がよいかもしれない」という気づきが出てくることがあるかもしれません。

　このように、現場でマニュアルの内容を実践したことの気づきが、業務効率化や業務改善のきっかけに繋がると考えられます。

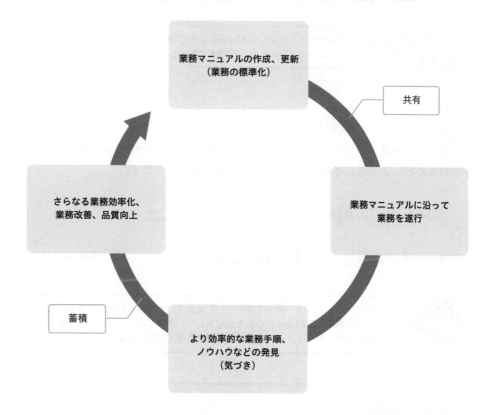

「今よりも業務をよくするための気づき」を発見しやすくなる

業務マニュアルの作成、更新
（業務の標準化）

共有

業務マニュアルに沿って
業務を遂行

より効率的な業務手順、
ノウハウなどの発見
（気づき）

蓄積

さらなる業務効率化、
業務改善、品質向上

業務マニュアルを作成した後、現場での実践を繰り返すことで、新たな知識やノウハウ（暗黙知）を発見することができます。この気づきこそ、組織にとって業務効率化や業務改善、品質向上に繋げられる貴重な財産です。

また、マニュアルを作成するときや更新するときに、否が応にも現在の仕事の進め方を客観的に見直すことにもなります。業務フローの中で、ムダな作業や、反対に不十分で強化が必要な作業が見つかる可能性があります。業務マニュアルとして業務を見える化することで、これまで行っていた業務のやり方を改めて見直すきっかけにもなるため、業務マニュアルの作成を機に、業務改善に着手するケースも少なくありません。

P.15 でも解説したように、業務マニュアルの作成では、業務を見える化したうえで標準化していくことが大切です。業務マニュアル（標準化した業務）をベース（土台）としつつ、業務効率化や業務改善を重ねることによって、さらなる業務品質の向上も期待できます。

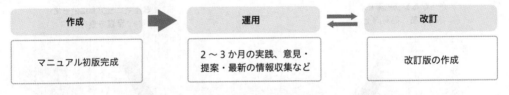

作成	→	運用	⇄	改訂
マニュアル初版完成		2〜3 か月の実践、意見・提案・最新の情報収集など		改訂版の作成

> 業務マニュアルは「作って終わり」ではなく、その後も最新の状態を保ちながら運用・改訂のサイクルを繰り返していきましょう。こういった活用の継続が、業務マニュアルを作る意義を高めていきますよ。

知識の共有（ナレッジシェア）

組織や個人がもつ知識や情報などは「ナレッジ」です（P.12）。ビジネスシーンにおいて、知識（ナレッジ）を共有することは「ナレッジシェア」と呼ばれます。業務を遂行するための基本的なやり方が示されているのはもちろんのこと、組織のメンバーがこれまでの経験から身につけたノウハウも含まれており、共有された知識や情報を見ることで、メンバーはすぐに熟練の知識を得ることができます。組織全体で知識を共有することには、主に次のような目的や価値があり、組織の成長や底上げに欠かせない重要な取り組みだと言えます。

業務品質の均一化

人によってやり方が異ならないように、より効率的な手順を定め、共有することで品質の水準をさらに高められます。

属人化の防止

特定のメンバーが業務に対してもっているナレッジを社内でシェアしておくことで、社内の別のメンバーが対応することができるようになります。

教育時間の短縮

組織内の優秀な人材がもつ技術・スキルやノウハウを共有しておくことで、指導体制の構築や教育時間の短縮が可能です。

> 知識を共有するための方法の1つが業務マニュアルの作成です。目的や価値の部分は、業務マニュアルを作るメリットとも重なりますね。

また、ナレッジシェアの取り組みは、単に知識の共有のみに留まりません。知識の中でも暗黙知を形式知として共有したり、共有された形式知から新たな暗黙知を見出し、蓄積したりしていくことで次なる形式知に繋げていきます。組織全体の成長や生産性、競争力の向上などの効果を期待できるようになります。

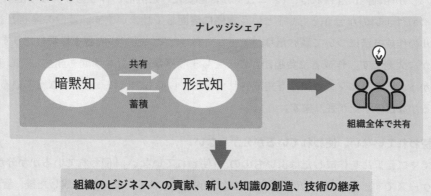

4 現場における業務マニュアルの実態

実現できるとよいことづくしのように思われる業務マニュアル。しかし、実際の現場ではどうでしょうか。マニュアルの作成や運用で発生しがちな課題の例を見てみましょう。

❶ マニュアルのよくある課題

その1　作るのが大変

　企業のような組織では、日々普段の業務もあり、マニュアル作成ばかりに時間を取られるわけにはいきません。しかしながら、1からマニュアルを作り始めるとなると、それなりに時間や労力がかかります。さらには、いざ作ることが決まったとしても「忙しいのにこれ以上余計な仕事を増やさないでほしい」「やり方や手順を変えるのはやめてほしい」といった声や、「今のままでも特に不便は感じていない」など、抵抗意識をもつメンバーが出てくる可能性があります。時間の確保に課題が残るのはもちろんのこと、メンバーからの反発もあり、マニュアル作成そのものが難航してしまうケースも起こり得ます。

マニュアルの必要性について共通認識をもっておき、チーム内で足並みを揃えておくこともマニュアル作成の第一歩です。

その2　作り方が分からない

　大半の人は、実際にマニュアルを作ったことがないのではないでしょうか。マニュアル作成の知見やノウハウが組織内になければ、「マニュアルは必要だけど肝心の作り方が分からない」「まずは何から始めればよいのか分からない」という課題に直面してしまいます。普段の業務と並行して、マニュアルの作成方法について調べたり、チームにあったマニュアル内容を模索したりすることは言わずもがな大変です。作成者に負担がかかってしまうほか、余計な手間も発生してしまいます。また、分からないなりにマニュアルを完成させられたとしても、伝わる内容になっているか、今後活用できるかなどの不安が残ります。

その3　使われていない、使われているか分からない

　苦労してマニュアルを作成したはよいものの、「使われていない」「使われているかが分からない」といったケースです。「マニュアルがどこにあるのか認知されていない」「作成した後、管理や運用の計画がなされていない」などの理由が挙げられます。

その4　レイアウトが見づらい

　マニュアルのレイアウトが見づらいと、読む側はすぐに必要な情報にたどり着くことができません。ぱっと見て分からないマニュアルは、やがて誰も手に取らなくなり、使われないマニュアルになってしまいます。さらにデザインに凝りすぎると、装飾の適用など編集に手間がかかり、改訂されにくいマニュアルになるということも起こりやすくなってしまいます。

その5　文章が分かりにくい

　マニュアルを作る側は「業務内容や知っていることをできる限り詳しく」そして「できる限りあらゆる内容をカバーした」完璧なマニュアルを作ろうとしがちです。ですが、その思いをそのまま文章に表してしまうと、マニュアルを読む側が使ったときに「読んでもよく分からない」「知りたいことが見つからない（どこに載っているか分からない）」マニュアルになってしまいます。また、あれもこれもと内容を詰めすぎた結果、量が膨大になり、文章にもまとまりがなく、冗長になってしまいがちです。

　伝わりやすいマニュアルには「レイアウトの見やすさ」と「文章の読みやすさ」も欠かせない重要な要素なんですね。

その6　更新できず、内容が古いまま

　頑張ってマニュアルを完成させた後、さまざまな事情により、マニュアルが更新できない（されない）場合があります。内容が古いままでは業務の実態にそぐわず、再び手順ややり方が人によって異なってきてしまいます。さらに読む側は、古いマニュアルを見ても分からないので、上司や同僚、はたまた作成者に質問をしたり、質問をされた側はそれに対応する時間が発生したりするなど、本来の業務に集中できないといった事態が起きてしまいます。そこで、早急に更新しなければ…と思うものの、「最新の情報を収集したり、マニュアルの記載を修正したりする時間がなくて更新できない」というジレンマを抱えているのも現状です。

　せっかく時間をかけて作ったマニュアルも、更新されなければ、いずれは古い内容になってしまいます。内容が何年も更新されないまま使用していると、トラブルやミスなどが発生した場合、現在の業務に適したすばやい対応や判断ができなくなってしまいます。

その7　そもそも業務マニュアルがない

　そもそも、業務マニュアルが現場にない環境も少なくありません。属人化してしまっている業務が多数あり、新しいメンバーへの教育や引き継ぎにも都度説明や資料などの準備が必要で時間がかかり、困ってしまっているというケースです。

5 活用される業務マニュアル作成のポイント

現場におけるマニュアルの課題が見えてきたところで、それらを解消できるようなマニュアル作成のポイントについて、ここでは大きく3つに分けて紹介します。

❶ 目的・ターゲット・用途を明確にする

　ポイントの1つ目は、「目的・ターゲット・用途を明確にする」ことです。「誰が」「いつ」「どこで」「何のために」使うマニュアルであるのか、「何を・どこまで」「どのように」伝えるのかなどの要件がはっきりしていないと、ただ情報を寄せ集めただけの文書になってしまい、掲載するべき情報の取捨選択や整理がうまくできません。肝心のマニュアルの作成方針があやふやなものになってしまいます。そのため、読む側が分かりにくいだけでなく、結果的に作る側も「作りにくい」「難しい」「更新しにくい」と感じるマニュアルになってしまいます。

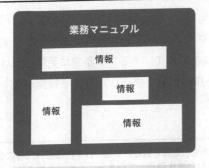

目的・ターゲット・用途があいまいだと、掲載されるべき情報の整理ができない

業務マニュアル
情報
情報
情報
情報

読む側…さがしにくい、
　　　　欲しい情報がない
作る側…作りにくい、更新しにくい

目的・ターゲット・用途を「5W1H」ではっきりさせる

業務マニュアル

誰が	いつ
どこで	何のために
何を	どのように

読む側…さがしやすい、分かりやすい
作る側…作成方針の拠り所をはっきり
　　　　させられるので作りやすい

目的やターゲット、用途を明確にしていく作業は、第2章「業務マニュアルの企画」（P.27）で詳しく説明しています。

❷ シンプルに作る

　2つ目のポイントは、「シンプルに作る」ことです。業務マニュアルの作成には、複数の担当者が関わる場合があります。また、担当者が交代する可能性も考慮し、運用や管理のことを見越しておく必要もあるでしょう。読む側の分かりやすさや読みやすさを実現できるのはもちろんのこと、作る側にとっても作りやすく、改訂しやすい業務マニュアルにするため、「シンプルに作る」というポイントは欠かせません。

　では、シンプルに作るために具体的にどうすればよいか、大きく3つに分けて説明します。

・テンプレート化（型化）する
・扱いやすい作成ツールを利用する
・デザイン・レイアウトに凝りすぎない

　テンプレート化（型化）とは、掲載する要素を抽出・定型化し、定型のフォーマット（ひな形）を作成することです。ひな形を埋めさえすれば業務マニュアルが完成する、という状態にしておくことで、マニュアルの新規作成時や改訂時に、原稿執筆者の負荷を軽減することができます。

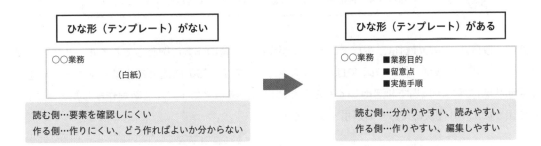

ひな形（テンプレート）がない

○○業務
（白紙）

読む側…要素を確認しにくい
作る側…作りにくい、どう作ればよいか分からない

ひな形（テンプレート）がある

○○業務	■業務目的 ■留意点 ■実施手順

読む側…分かりやすい、読みやすい
作る側…作りやすい、編集しやすい

　扱いやすい作成ツールを利用するというのも、作成に関わる重要なポイントです。担当者が変わることやツールのバージョンアップなども視野に入れて、いつでも、誰でも、既存のマニュアルデータを編集できるようにしておくようにしましょう。

　最後は、デザイン・レイアウトに凝りすぎないということです。「シンプルイズベスト」を念頭に、読む側にとっては「ぱっと見て要素を把握しやすい」「欲しい情報をさがしやすい」「読みやすい」という観点、作る側にとっては「編集に必要以上の労力を割かずに済む」という観点からバランスのよいデザイン・レイアウトを検討していきます。

シンプルに作るための作業として、レイアウトのデザイン、テンプレート化については第4章「業務マニュアルの設計②」（P.61）で詳しく説明しています。

❸ルールを決める

　3つ目のポイントは「ルールを決める」ことです。業務マニュアル作成に関するルールには「執筆・作成ルール」と「運用・改訂ルール」があります。

　執筆・作成ルールの検討には、業務マニュアルを構成する要素をはじめ、見出しの階層や「です・ます」「だ・である」などの文末表現、注意・参考情報、参照先、図や表、表記統一などの要素例が挙げられます。要素ごとにルールを決めたら、ルールと対になるチェックリストを整備しましょう。

　なお、ルールが多すぎると原稿執筆の負荷が上がってしまいます。業務マニュアルの目的や用途に応じて、最小限の要素でルール決めを行うことを推奨します。ただし、マニュアル利用・改訂時に必要な要素はしっかりと押さえるようにしましょう。

執筆・作成ルール

要素（例） 構成要素、文末表現、文字、表記統一…など		チェックリスト

執筆・作成ルールを決める際、社内文書作成規約がある場合は、そちらの内容も踏襲しておくとよいですね。執筆・作成ルール決めの作業は第4章「業務マニュアルの設計②」（P.61）で詳しく解説しています。

　運用・改訂ルールの検討は、主にマニュアルが完成した後の作業に関わってくるルールです。業務マニュアルの完成は、「ゴール」ではなく「スタート」です。知の結晶である業務マニュアルを常に最新状態に保ち、現場で利活用してもらうためにも、業務マニュアルを新規作成したときには、次のようなルールを決めておくのがポイントです。

運用・改訂ルール

1. 運用・管理の担当部門、担当者
2. 改訂タイミング（定期：1年1回、半期1回など、不定期：法令改正時など）
3. 改訂情報の収集方法（所管部門で決める、利用者の声を集約するなど）
4. 改訂版の配信・配付方法（電子媒体であれば最新データの共有方法、紙媒体であれば差し替えページの配付方法など）

運用・改訂ルールについては、第6章「業務マニュアルの運用」（P.173）で詳しく説明しています。

2章

業務マニュアルの企画
～読み手を考えたマニュアルを企画しよう

第1章の知識を踏まえたうえで、実際に業務マニュアルを作成していきましょう。いきなり原稿の執筆を始めるのではなく、事前にきちんと計画を立てることが重要です。

② ① 業務マニュアル作成の進め方

業務マニュアルの作成フローは大きく分けて5つの工程があります。ここでは、業務マニュアルを新規に作成する場合のながれと、各工程で行う作業についておおまかに解説します。

❶ マニュアルの作成フロー

マニュアルを新規に作成する場合の例を、以下に示します。基本的には完成までに5つの工程があり、作成の指針やルールを決める「企画」と「設計」は「計画」のまとまりとして考えます。

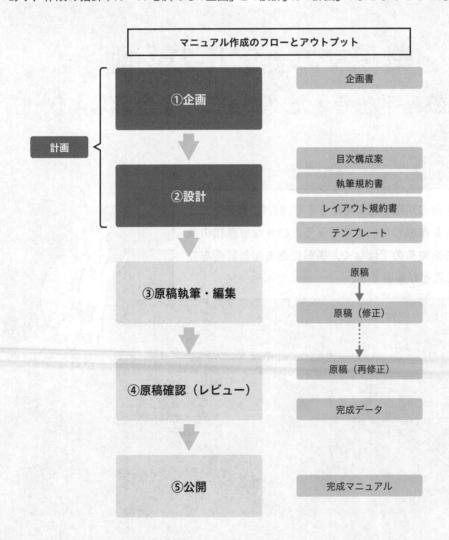

マニュアル作成のフローとアウトプット

工程	アウトプット
①企画	企画書
②設計	目次構成案 執筆規約書 レイアウト規約書 テンプレート
③原稿執筆・編集	原稿 → 原稿（修正） ⇢ 原稿（再修正）
④原稿確認（レビュー）	完成データ
⑤公開	完成マニュアル

計画 = ①企画 + ②設計

①企画

　まずは、企画書のもとになる項目をそれぞれ確認、検討していきます。「何のためのマニュアルか」や「伝えるべきことは何か」、また「誰に向けて書くのか」といった内容を決めていきます。

> ・目的・ターゲット（利用者）・用途の調査
> ・利用状況と伝え方の分類
> ・公開方法の決定
> ・作成方法の決定
> ・プロジェクト計画の確認

②設計

　情報を収集し、整理したうえで目次構成案を作成します。その後、用語・用字・表記統一のためのルール（執筆規約書）を作成しながら、仕上がりレイアウト案の作成も並行して進めます。

> ・目次構成案の検討
> ・ルールの検討
> ・レイアウトの検討

③原稿執筆・編集

　企画・設計で決定した企画書、目次構成案、執筆規約書、テンプレートに基づき、原稿執筆・編集をします。読む側が理解できる記述順や表現になるように気をつけて執筆を進めます。

④原稿確認（レビュー）

　執筆した原稿の品質を保証するために、レビューします。自分でレビュー（自己レビュー）するのはもちろんのこと、必要に応じて、ほかのメンバーや上司、関連部門にもレビューを依頼します（他者レビュー）。レビューを通して、誤りやあいまいさを排除します。

> ・記載内容が正しいか、必要十分か、最新か
> ・表現および体裁が正しいか（ルールに沿っているか）

　レビューが済んだら、修正指示を原稿に反映します。修正とレビューを何度か繰り返し、原稿を段階的に完成させます。

⑤公開

　電子データや印刷物などの形式で、完成したマニュアルを関係者に配信・配付します。

② 2 企画・設計の重要性

マニュアル作成で、特に重要なのは「企画」と「設計」の工程です。ここでは、企画・設計の重要性について作成者と利用者両者の視点から解説します。

❶ 作成者・利用者両者にとって必要な工程

　マニュアル作成では、「①企画」「②設計」を経て、「③原稿執筆・編集」の工程に入り、実際に原稿を執筆し始めます。マニュアル作成における企画・設計は、たとえばシステム開発における要件定義や詳細設計にあたり、マニュアル作成者と利用者両者にとって、必要な工程と言えます。

　企画とは、マニュアルの目的、ターゲット（利用者）、用途、仕様などに基づき、どのようなマニュアルを作るか、マニュアル作成における指針をまとめる工程です。それらを検討した結果を、決定事項としてまとめ、「企画書」などのアウトプットを作成します。

　企画書ができたら、次に設計に移ります。前工程でまとめた指針を満たすマニュアルを作成するため、具体的な設計図を作成する工程です。マニュアルの目次構成案、執筆や編集のルール、レイアウトデザインの設計図として、「目次構成案」「執筆規約書」「レイアウト規約書」「テンプレート」といったアウトプットを作成します。

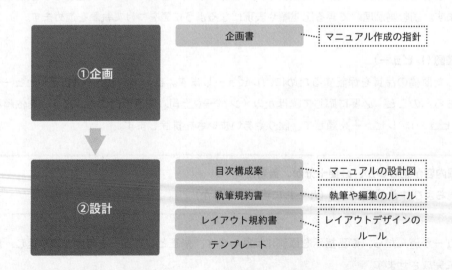

　個人の覚え書きや小規模の手順書などでは、企画・設計の必要性はあまり感じられないかもしれません。しかし、大きな組織で利用され、なおかつ、1人では書ききれない量のマニュアルではどうでしょうか。

　複数人で、何も協議せずに書き始めてしまうと、内容の重複や過不足、文章の表現や体裁のばらつきが発生するでしょう。また、公開方法にそぐわないものになってしまう可能性も高くなります。そのような事態を防ぐためにも、企画・設計の工程をしっかり踏んでおくことが重要なのです。

　企画・設計がしっかりしているマニュアルは、利用者にとって「マニュアルの作成方針が一貫しているので理解しやすい」「情報が整理されているので、構成が分かりやすい」「掲載情報に過不足がない（あらかじめ全体を俯瞰した構成で、バランスよい掲載情報量）」というメリットがあります。一方、作成者にとっても、「執筆を分担したり担当者が変わったりしても同じ体裁で作成できる」「執筆ツールやデザインルールが明文化されているので、効率よく原稿を作成・編集できる」といったメリットがあるため、企画・設計の工程では必ずしっかり検討するようにしましょう。

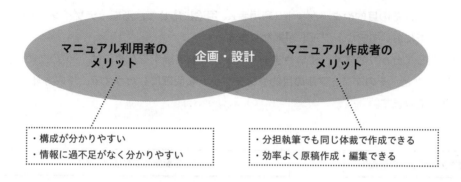

・構成が分かりやすい
・情報に過不足がなく分かりやすい

・分担執筆でも同じ体裁で作成できる
・効率よく原稿作成・編集できる

ワンポイント　業務マニュアルは誰が作成する？

　実際にマニュアルの企画を進めていくと、一体誰が作成していくとよいのかという疑問が浮上してくることがあります。その業務を熟知している人でしょうか、それとも、ようやく業務に慣れ始めたくらいの人でしょうか。これは結論から言うと、ケースバイケースです。新規作成する場合は、業務を熟知している人が作成すると効率がよいでしょう。ただし、熟知しているがために、初心者目線で欲しい情報が分からなかったり、情報を見逃したりしてしまうことがあるので注意が必要です。そのような事態を防ぐためにも、業務を教わる側の人にマニュアルの内容をチェックしてもらったり、場合によっては、教えた業務内容をもとにマニュアルを書き起こしてもらったりしてもよいでしょう。これにより、初心者が本当に欲しい情報が入ったマニュアルを作ることができます。

　管理部門などでは、現場担当者以外がマニュアルを整備することもあります。そのような場合であっても、現場とコミュニケーションを密に取り、実態にあったマニュアルを作成するよう心がけます。

業務マニュアルを作成するときは、初心者目線の情報も必要に応じて盛り込んでいけるとよいですね。

②3 業務マニュアルの企画をまとめる

企画としてまとめていくときは「5W1H」を使って、目的・ターゲット・用途をまとめ、公開方法なども検討します。後々の工程にも関わってくるため、上司や関連する他部門のレビューも欠かさないようにしましょう。

❶ 「5W1H」で整理する

マニュアルは、その目的やターゲット（利用者）、用途に応じて、形態・デザイン・雰囲気など、さまざまな要素においてアウトプットが異なります。

利用者にとって分かりやすく、使いやすいマニュアルを実現するためには、「何のために使うか」「誰が使うか」など、そのマニュアルの目的やターゲットを明確にしたうえで、作成方針を具体的に決める必要があります。

目的やターゲットの明確化	各要素の検討項目（例）	
目的 （マニュアルの目的、ミッション）	マニュアル形態の方針	・目次の方式（チュートリアル、リファレンス） ・その他の形態（QA集、概説書など）
ターゲット （対象読者となる利用者）	公開方法	・データ（ポータルサイトにPDFを載せるなど） ・紙（簡易製本、バインダ製本など） ・その他（HTML、アプリ、ヘルプなど）
	内容の作成方針	・文体（です・ます調、だ・である調など） ・フォントやレイアウト ・図表の仕様
用途 （マニュアルの利用環境）	その他	・費用 ・スケジュール ・体制

ターゲットの明確化では、具体的な年齢、役職、業務経験などを設定した利用者像（ペルソナ）を使って検討することで、対象読者がより具体的になります。

　目的やターゲット、用途がはっきりしないマニュアルは、とりあえず情報を寄せ集めただけの状態です。掲載すべき情報の取捨選択がうまくできていなかったり、整理が不十分で情報をさがしにくかったりと、利用者にとって使い勝手が悪いマニュアルになってしまいます。また、作る側にとっても、拠り所となる作成方針が不明確なため、「作りにくい」「必要十分なものが作れたか分からない」「更新しにくい」と感じることが多いマニュアルになってしまいます。

　そのため、マニュアルの企画では、目的・ターゲット・用途を「5W1H」の軸で確認し、「利用状況」と「伝え方」の要件として整理します。これら6つの要件が、マニュアルの企画、および設計を進める際の検討材料として必要になります。

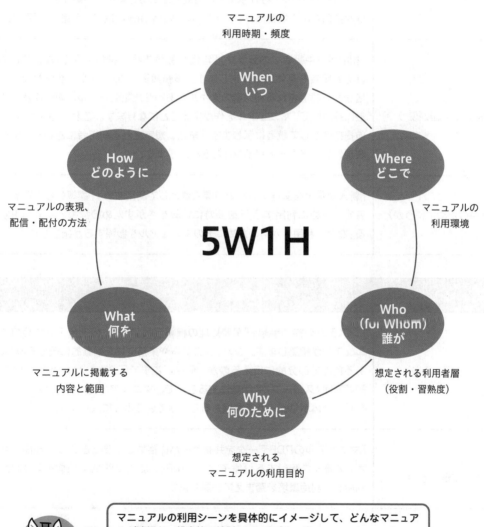

マニュアルの
利用時期・頻度

When
いつ

Where
どこで

マニュアルの
利用環境

How
どのように

マニュアルの表現、
配信・配付の方法

5W1H

Who
（for Whom）
誰が

想定される利用者層
（役割・習熟度）

What
何を

マニュアルに掲載する
内容と範囲

Why
何のために

想定される
マニュアルの利用目的

マニュアルの利用シーンを具体的にイメージして、どんなマニュアルが適切か、総合的に検討していきましょう。
「いつ」「誰が」「何のために」がはっきりすると「何を（どこまで）」が、「どこで」「誰が」がはっきりすると「どのように（伝えるか）」かを決めることができますよ。

利用状況の整理	
When（いつ使うか）	「初めの1回だけ参照する」「当該処理の際には常に参照する」「辞書のように必要時に都度参照する」など、利用時期・頻度を確認します。マニュアルの種類や分冊・目次構成の検討時に考慮すべき情報です。
Where（どこで使うか）	「事務所で使う」「現場で使う」などマニュアルの利用環境を確認します。パソコンやスマートデバイスなどがある環境で利用する場合は、電子ブックなどの形式を検討することもできます。また、紙媒体の業務マニュアルで「狭い空間で参照する」「水濡れの可能性がある作業場で参照する」など、特殊な要因がある場合は、マニュアルの判型や用紙の選定に考慮が必要です。
Who (for Whom／誰が使うか)	「初心者・中級者・ベテラン」「年代」「勤続年数」「役割・役職」など想定される利用者を具体的に設定します。業務知識、PCスキル、前提となる資格など、想定される利用者のスキルにあわせた記載レベル、専門用語・知識に基づいて、マニュアルを作成することになります。これらのスキルは、前提条件として読者に示します。また、想定される利用者にあわせた文章表現、レイアウトデザインなどを検討します。
Why（何のために使うか）	「新人が基礎を習得するための導入書として利用する」「標準的な手順を共有するために利用する」「必要時に情報をさがすための辞書として利用する」など、利用者が何のためにそのマニュアルを参照するか確認します。

伝え方の整理	
What（何を伝えるか）	「システムの操作手順」「業務処理の標準手順」など、何を伝えるためのマニュアルか確認します。また、システムや業務全体を網羅的に伝えるのか、ある観点で部分的に伝えるのか、何をどこまで伝えたいかも決定します。記載範囲（スコープ）を明確にすることで、マニュアル構成の方針が明確になり、全体ボリュームを見積もることができるようになります。
How (どのように伝えるか)	「マニュアルのPDFデータを共有サーバに格納して参照させる」「印刷・製本した冊子を配付する」「電子ブック（ePubなど）の形式で配信する」など、利用者や利用環境を踏まえて検討します。

❷ 目的・用途を可視化する

　マニュアルの目的・ターゲット・用途を洗い出したら、マッピングし、「いつ」「誰に」「何を」伝えるのかを分類し、可視化します。

　下図は、例として基幹システムの入れ替えにともない、マニュアル提供の目的・ターゲット・用途を分類したものです。縦軸が「誰（人）」を表す軸で、横軸が「いつ（時間）」の軸を表しています。

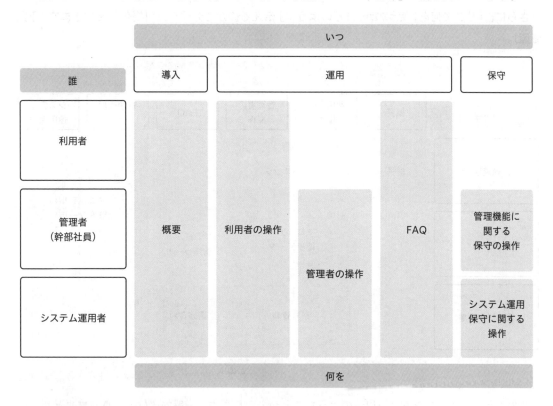

基幹システムとは、たとえば勤怠の処理や受発注のような組織の基幹業務を担うシステムのことです。

　システム導入の段階では、利用者、管理者（幹部社員）、システム運用者のように異なる立場の人に「新しいシステムがどういうものか」といった「概要」を伝える必要があります。そして、「実際にシステムを使い、業務を行う」となったとき、「利用者の操作」についても幅広い立場の人に知っておいてもらわなければなりません。しかし、管理者だけが知っておけばよい操作や、利用者の個人情報や所属などの情報が、すべての人に見えてしまうのはよくないため、「管理者の操作」として管理者やシステム運用者だけに公開します。システムの使用に関する質問事項は「FAQ」として全員に提供しましょう。なお、システムにはどうしてもメンテナンスが発生するものです。そのた

め、管理者には「管理者ならではの保守情報」、システム運用者には「システムがきちんと動くようにするための保守情報」が必要です。

整理した情報を可視化することで、導入から保守にいたるまでの間に、「①概要」「②利用者の操作」「③管理者の操作」「④FAQ」「⑤管理機能保守」「⑥システム運用保守」の6つの情報を、利用者、管理者、システム運用者に提供する必要があることが分かります。

さらに、「どこで何を」使うのか、「どのように」伝えるのかも分類し、可視化しておきます（下図参照）。

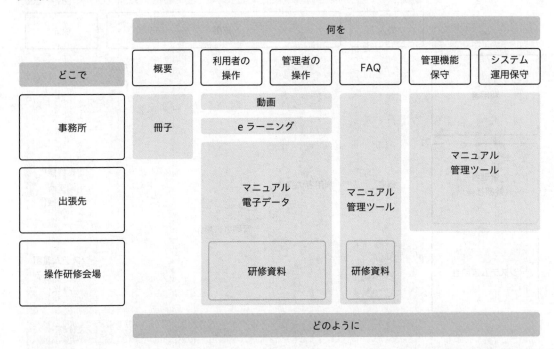

このように分類してみると、以下のようなことが分かります。一般的には、こうしてまとめた情報の固まりごとに、マニュアルを作成していきます。

例：
・導入時には、利用者、管理者、システム運用者に対して、システムの「概要」を伝える
・「概要」のマニュアルは冊子で配付し、事務所のみで閲覧できる
・運用時には、管理者とシステム運用者にだけ、「管理者の操作」を伝える
・出張先では、オンラインで電子データのみ閲覧できる

業務遂行時にはさまざまな情報が必要です。すべての情報を1つのマニュアルに集約してしまうと、掲載量が膨大になってしまいます。また、目的・ターゲット・用途が混在して、必要な情報をさがしにくいマニュアルになってしまうので気をつけましょう。

ただし、以下に挙げる事項を考慮する必要のある場合は、マニュアルを追加したり、複数に分けたりすることを検討します（下図参照）。

・推定される利用者・管理者の習熟度、スキルにばらつきがある
・複数の目的を実現したい（導入書および辞書など）
・伝えたい情報量が多い

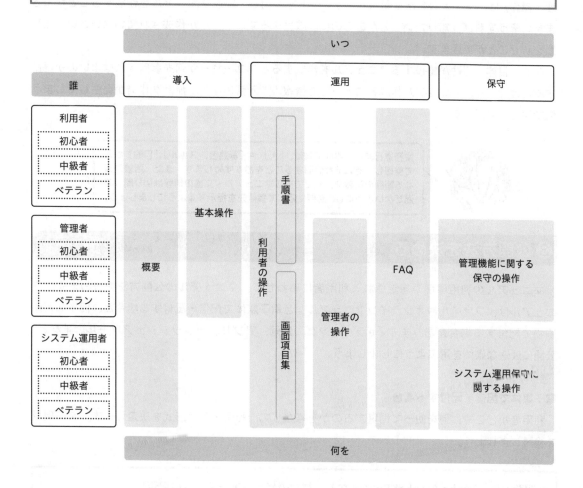

　たとえば、今回導入する新しいシステムが分かりにくいものであれば、利用者・管理者の習熟度やスキルにばらつきが生じる可能性があります。その場合、「概要」だけで実際に業務を始めるのは困難です。概要のほかに「基本操作」のマニュアルも追加して、利用者、管理者に提供します。
　また、「利用者の操作」の括りでも、まずはチュートリアル的に読んで操作の目的が達成できる「手順書」と、操作に慣れてきたら画面上で使うときの注意や制限事項だけを辞書的に利用できる「画面項目集」の2つに分けて作成しておきます。

マニュアルに限らず、利用者向けの関連資料がすでにある場合は、これらもあわせて、どのようなマニュアル群を作り、利用者に提供するかを検討します。検討した情報をすべてマニュアルとして作るかどうかは、マニュアルを作るための期間や予算との相談です。この例であれば、「新しいシステムをきちんと使えるようになる」ということが主な目的ですから、どこにフォーカスするべきか考えたとき、「概要」や「基本操作」の内容は特に欠かせません。「FAQ」であれば、実際に運用が開始されてから追って作成していけばよいでしょう。「管理者の操作」や保守にあたる情報（管理・操作）は、システムを作る開発ドキュメントを流用して別途マニュアルを作成することができます。そうすれば、知りたいことがあるのに、該当するマニュアルが作成されていないといった事態を防ぐことができます。

　なお、目的・用途が重複するマニュアルを作成すると、ユーザーが何を参照すればよいのか混乱するだけでなく、マニュアル作成者にとっても情報の二元管理など、無駄な作業が発生してしまうので注意が必要です。

業務遂行時に必要な情報は、「人」や「習熟度、スキル」「目的」などで整理し、それぞれ分冊することをおすすめします。また、所管が異なる範囲の情報や、すでにあるマニュアル・文書の情報は切り離して混ぜないようにし、必要に応じて参照先を提示するようにしましょう。

❸ 公開方法を決める

　マニュアルの利用環境や想定される利用者にあわせて、マニュアルの公開方法を決めます。マニュアルは、ファイルやオンラインマニュアルなど電子媒体で配信・配付する場合と、冊子など印刷物で配付する場合があります。eラーニング、動画、アプリ、ナレッジシェアツール、紙など、公開に最適な媒体を選ぶようにしましょう。

電子媒体で配信・配付する場合

　利用者がどこで、何を使って閲覧するのかを考慮して、配信・配付形式を決定します。次の項目を検討しましょう。

・閲覧方法（Adobe Acrobat Readerなど、特定のビューアーアプリの要否）

・システムへの組み込み

・データ形式（PDF、HTMLなど）

・データの格納方法（階層構造、命名ルール）

・印刷の要否（事務所での印刷、製本の必要性）

　「閲覧方法」では、ブラウザーで見るのか、AdobeのAcrobat Readerなど特定のビューアーアプリで見るのかなども検討します。その際、表示環境の違いによる崩れなどを考慮して「指定した環

境だけで閲覧する」というルールを決めておきましょう。

　また、意外と見落としがちなのが「印刷の要否」という点です。基本的には電子媒体での配信・配付になるため、画面で閲覧してもらうことが前提ですが、後にどうしても別の使い方をしたいというニーズが出てくる場合があります。

　たとえば、当初はHTML形式、ブラウザーを使っての閲覧という公開方法だったため、そのように作成して利用してもらっていたものの、後々になって「研修教材としても使いたいので印刷できないか」というような要望です。HTML形式ですから、画面をスクロールして文書を読んでもらうため、印刷には向いていません。どうしても印刷できるようにするためには、HTMLをPDF形式などに編集する必要があります。このほか、部内など特定の人が見るポータルサイトで公開したいといったニーズもあります。

　そのため、想定される閲覧方法に最適な形式か、後に印刷が必要か不要か、また別のニーズに使われることがないかどうかも含めて選択しましょう。

印刷物で配付する場合

　部数、作成期間、品質、費用などを考慮して、印刷・製本形式を決定します。次の項目を検討しましょう。

- **サイズ（判型）**
- **色数（フルカラー、2色、モノクロ）**
- **製本仕様（中とじ、くるみ、バインダとじなど）**
- **部数**
- **印刷方式（オフセット、ダイレクトプリントなど）**
- **入稿方法（入稿データ、台割など）**
- **印刷・製本期間**

　印刷物で配付する場合の工程において、一番注意したいのは「印刷・製本期間」です。作成担当者がマニュアルを作成し、内容が完成したとしても、印刷・製本期間を確保していなかったばかりに利用者への配付が遅れてしまう場合があるからです。印刷・製本期間は実際に印刷会社と相談して決めることが大半ですが、事前に「どれくらいの期間がかかるのか」や、「マニュアルの対象となる製品やシステムが利用者の元へ届くタイミングに間に合うかどうか」などを踏まえて相談しておきましょう。

　電子媒体、印刷物という公開方法の違いによって、情報のさがしやすさや読みやすさも異なりますし、メンテナンスのしやすさも変わってきます。「利用者の最も使いやすい方法は何か」、そして、「作成者がメンテナンスしやすい方法はどちらか」を意識して、公開方法を決定します。

❹ 作成方針をまとめる

　ここまでの内容に基づいて、マニュアルの作成方針をまとめます。決定事項は、原稿執筆メンバーや関係者（将来の改訂担当者を含む）にマニュアルの意図や作成方針を共有できるように、「企画書」として明文化し、マニュアル作成の方針書とします。

企画書　　マニュアル作成の意図・方針を共有　　原稿執筆メンバー　　関係者（将来の改訂担当者など）

　企画書は、マニュアル作成の柱となるため、変更が発生すると根本的な見直し（「誰に伝えるのか」「何を伝えるのか」「どのように公開するのか」など）にまで波及する可能性があります。手戻りを未然に防ぐため、目的・ターゲット・用途をはじめとした検討内容は、作成者だけでなく、マニュアルを実際に利用する人も巻き込んで、「内容は本当に合っているのか」「方向性に問題がないか」など、十分にレビューを行うようにしましょう。

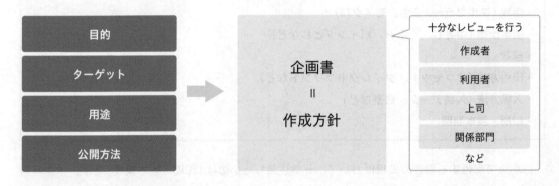

目的　ターゲット　用途　公開方法 → 企画書 ＝ 作成方針 ｜ 十分なレビューを行う　作成者　利用者　上司　関係部門　など

　特に、所属するチーム内で使うマニュアルを作成する場合は上司やリーダー、複数部門や別部門で使うマニュアルを作成する場合は、作成の決定権限を持つ部門の承認が必要です。担当者間で合意のうえ、企画・設計と進めていっても、形になった後で上の立場の人々から「ああしたい」「こうしたい」という要望はどうしても出てくるものです。そのときに、作成担当者は「企画書」という文章にあわせて、「そもそもどういう考えで作成した」ということを説明し、場合によっては周囲に理解してもらいながらマニュアルの企画を前に進めていくことも必要です。

　一番重要な点は「誰に」「何を」「どのように」伝えるかです。根本的な部分が、当初の企画と大幅にずれてしまわないように進めていきましょう。

❺ 体制を整える

　以下の要件を確認し、業務マニュアルを作成する体制を整えましょう。これらの要件に応じて、マニュアルのボリュームや配信・配付方針に影響が出る可能性があります。

要件	説明
メンバー・関係者	マニュアル作成において、企画・設計するメンバーや原稿を執筆するメンバー、人数を確認します。情報提供やレビューを他部門に依頼する場合など、一部工程に関わる部門やメンバーも明らかにしておきます。
期間（概要スケジュール、イベントなど）	マニュアルを公開・利用開始する時期が決まっている場合は、これをマニュアル完成の期限として、作成を進めます。作成に使える期間と、当該期間のメンバーの概算稼働時間を算出します。
予算	マニュアル作成で使うことができる費用を確認します。原稿作成を外注する場合や、印刷・製本する場合は、外部の協力会社などへ見積もり依頼が必要になります。
作成ツール	作成環境やメンバーのスキル、改訂運用の予定などを踏まえて、誰もが容易に使えて、効率よくマニュアル原稿を作成できるツールを選定します。専用のDTPツールはデザイン性の高いマニュアルを作成することができますが、作成環境の整備に費用がかかる、作成者にスキルが必要になるなどの問題があるため、注意が必要です。

　メンバーで特に気にしておきたいのが、情報提供をしてもらう人達やレビューを依頼する他部門です。マニュアル作成を進めるときは、一部工程に関わる部門やメンバーを明らかにし、スケジュールを調整したうえで、「いつ頃に情報をもらいに行きます」「いつ頃に作ったマニュアルをレビューしてもらいます」ということを事前に宣言しておくことが大切です。

宣言しておかないと、急に「マニュアルができました。マニュアルをレビューしてください」と依頼したところで、相手側もすぐには対応できないので注意しましょう。

2章

業務マニュアルの企画

41

また、企画の段階では、まだ概要のスケジュールしか出せないとは思いますが、「マニュアル完成・公開時期」から逆算して「原稿執筆開始時期」「情報提供時期」「レビュー時期」などをおおまかに割り出します。そして、P.38「公開方法を決める」でも触れましたが、印刷物で配付する場合は「印刷・製本期間」も考慮しておきましょう。

　予算に関して、たとえば組織全体で利用するマニュアルを印刷物で配付するといった大規模な場合、事前に費用を確認し、予算の確保をしておく必要があります。限られた予算の中で、どうすれば必要十分なものを利用者の手元に届けられるか、検討しておきましょう。

　最後に作成ツールです。たとえば紙媒体の場合であれば、専用のDTPソフトや文書作成ソフト、プレゼンテーションソフトなどが手段として挙げられますが、特定の機器にしか入っておらず、扱うには高度なスキルが必要となると、マニュアルのメンテナンスや最新化が遅れてしまいます。特に、組織やチーム内でのみ利用するマニュアルで、頻繁に更新をしたい場合、専用のDTPソフトで作成してしまったばっかりに特定の人しか作業ができないという事態に陥ってしまい、最新化が間に合わず、結果誰にも読まれない・使われないということにもなってしまいます。そのため、作成環境やメンバーのスキル、改訂運用の予定も含め、誰もが使いやすく、効率よくマニュアル原稿を執筆できるツールを選びましょう。

ワンポイント　作成ツールを検討する

　マニュアルの配信・配付方法によってツールが限定されることもありますが、組織内の環境やメンバーのスキル、運用（配信・配付）方法によって最適なツールを選定しましょう。

　たとえば、WordやPowerPointなどのMicrosoft Office製品を日常業務で使っているのであれば、汎用性が高く、導入しやすいでしょう。新たに専門的なスキルを習得する必要がない点もメリットです。

　また、最近ではクラウド上でマニュアルを管理・作成するシステムもあります。マニュアルのテンプレートが豊富に用意されていたり、編集・閲覧履歴を記録できたり、関連データを一元管理できたりするなど、マニュアル作成に特化した機能が備えられており、効率的に作成できます。利用側にとっても、利用するデバイスに最適な表示レイアウトで閲覧できたり、全文検索ができたりするなど、機能を便利に活用することができます。

「活用される業務マニュアル作成のポイント」の2つ目「シンプルに作る」（P.25）ために大切な項目です。公開方法も視野に入れて、作成ツールを選択するとよいでしょう。

🌱 ワンポイント　業務マニュアルの整備体制

　組織の中で業務マニュアルを整備するときの体制には、さまざまなパターンがあります。ここでは、代表的な例を紹介します。

①利用部門＝作成部門のパターン

　マニュアルの利用部門（利用者）がマニュアルを作成する場合です。同じ部署・チームの上司やリーダーの承認を受けて作成を進めるため、すべての工程が原則、部門内で完結します。

②利用部門＝作成部門のパターン（ただし他部門関与あり）

　マニュアルの利用部門（利用者）がマニュアルを作成するという点では①と同じです。他部門から情報提供を受けたり、他部門にレビューを依頼したりするなど、工程の一部で他部門が関与する場合です。

③利用部門⊃作成部門のパターン

　複数の部門にまたがって利用するマニュアルを、代表1部門が作成する場合です。複数部門から情報や意見を収集・集約し、合意形成を行う必要があります。また、レビューも複数部門で行います。

④利用部門≠作成部門のパターン

　社内のマニュアル作成部門が、マニュアル利用部門（現場で業務に従事する当事者）から情報や意見を収集・集約してマニュアルを作成する場合です。このパターンでは、記載情報の正誤・過不足確認のため、利用部門のレビューが必要となります。

A 部門
（作成）　⟷　B 部門
（利用・情報提供・レビュー）

　本書では、上記のさまざまなパターンでマニュアル作成ができるように、その方法を紹介しています。その内容は、すべてのパターンにおいて、必ずすべて実施する必要はありません。整備体制の規模や組織の状況にあわせて、実施・検討する内容や範囲を判断しましょう。

「5W1H」を使ってマニュアルの目的・ターゲット・用途を整理してみよう

　次の業務例のマニュアルを作るケースについて、「5W1H」を使って、目的・ターゲット・用途を整理してみましょう。

例：請求書の送付

※実際にあなたが会社で行っている業務や、別の業務例を想定して考えてもかまいません。

利用状況の整理	
When（いつ使うか）	
Where（どこで使うか）	
for Whom（誰が使うか）	
Why（何のために使うか）	

伝え方の整理	
What（何を伝えるか）	
How（どのように伝えるか）	

解答例

利用状況の整理	
When（いつ使うか）	当該処理の際、必要に応じて参照する
Where（どこで使うか）	事務所内で使う
for Whom（誰が使うか）	初心者〜中級者、20〜30代の事務作業に関わるメンバー
Why（何のために使うか）	標準的な手順を共有するために利用する

伝え方の整理	
What（何を伝えるか）	業務処理の標準手順
How（どのように伝えるか）	マニュアルのデータをサーバ上で共有

3章

業務マニュアルの設計①
～読み手をナビゲートする目次構成を考えよう

企画書で定めた作成方針をもとに、必要な情報の範囲や切り口、並べ方などを検討して、マニュアルの目次構成案を作成していきます。

1 業務マニュアルの目次を考える

さがしやすく、欲しい情報がすぐに手に入るマニュアルにするためには、目次の作り方が重要になってきます。目次作成のポイントや、掲載する情報の収集・整理の方法について確認しましょう。

❶ 目次とは

マニュアルを作成する際には、掲載内容を整理して文書構成を決め、目次構成案を作成して、マニュアル作成における設計図とします。

一般的には、その文書のタイトルを集約して、文書冒頭などに置いたインデックスを「目次」と呼びます。

目次＝文書内のタイトル内容を集約したもの

見積回答の受信

見積依頼

システム情報

電話受付

見積依頼先の検索

関連マニュアル

など

目次

1. はじめに・・・・・・・・・・1
　1. 本書の目的
　2. 用語の定義
2. システム情報について・・・・3
　1. 利用開始
　2. ツールの操作
3. 見積対応について・・・・・5
　1. 見積依頼
　2. 見積回答の受信
　3. 見積依頼先の検索
4. 電話受付について・・・・・10
5. 本システムの保守連絡先・・・11
6. 関連マニュアル・・・・・・12

企画段階で「マニュアルの利用状況」や「情報の伝え方」が整理できたら、次はマニュアルに掲載する内容や範囲を定めた設計図（目次）を作っていくイメージです。

❷ 目次作成のポイント

マニュアルの目次には、以下の役割があります。

・そのマニュアルの全体像（掲載内容、構成）を伝える

・そのマニュアルのインデックスとなる

目次は、読む側がすばやく知りたい情報にたどり着くための
重要な役割を持っています。

上記の役割を満たすため、目次を作成する際は、以下を考慮するようにしましょう。

過不足をなくす

・利用者に必要な情報をヌケ・モレ・ダブリなく含める

検索性を高くする

・ユーザー志向の目次にする（利用者や用途にあわせる）

・内容が伝わりやすい簡潔なキーワードを並べる

・一貫性がある（どのような意図で構成されているか分かりやすい）

目次作成は活用されるマニュアル作りにも影響する

過不足をなくす	→	分かるマニュアル

欲しい情報があるマニュアル、理解
しやすいマニュアル

検索性を高くする	→	使えるマニュアル

対象となる業務の情報がどこにある
のかがすぐにさがせるマニュアル、
知りたい内容がどこに書かれている
のかすぐにさがせるマニュアル

目次がきちんと役割を果たすことは、結果的に「分かるマニュ
アル」「使えるマニュアル」として、マニュアルが活用される
ためのポイントにも繋がります。

❸ 情報を集めて整理する

　目次作りの前段階として、企画時に決めたマニュアルの作成方針に沿って、掲載する情報を収集します。

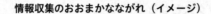

情報収集のおおまかなながれ（イメージ）

①集めた情報を取捨選択し、
　分類します。

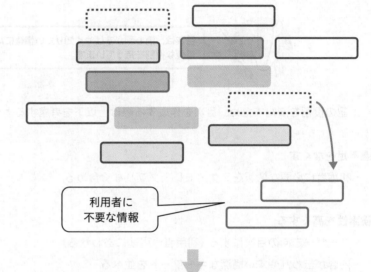

利用者に
不要な情報

②分類した情報を
　グルーピングします。

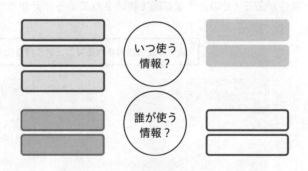

いつ使う
情報？

誰が使う
情報？

③グルーピングした情報を
　組み立てます。

例：　業務開始　　　　　　　　　　　　　　　　　　完了

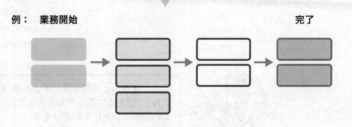

業務マニュアル作成時の情報収集の一例を以下に示します。

情報源としては、規程集や事務要領が挙げられますが、これらだけでは日々の業務のながれはなかなか読み取れません。業務フローなど、具体的な情報があればそちらを頼りに、また、作業発生の契機（トリガー）や完了条件などは担当者の知見（暗黙知）を引き出すインタビューなどで補っていきます。

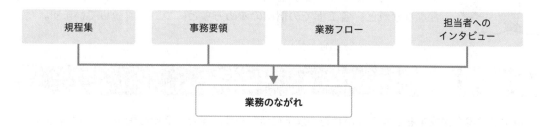

収集した情報は、そのままではどこに何が書いているのか分かりにくいので、整理しておきます。P.32「業務マニュアルの企画をまとめる」でまとめた要件を軸として、収集した情報を整理しておくと、目次をどう構成するか検討しやすくなります。

集めた情報はすべてを1つのマニュアルに入れるのではなく、「目的・ターゲット・用途」に応じて整理し、掲載するようにしましょう。

🐾 ワンポイント

業務マニュアルに掲載する最小単位

業務マニュアルでは、「業務」単位でルールや手順をまとめていきます。業務の最小単位は「処理・作業」です。複数の業務を時系列などで一連のながれとしてまとめたものが「業務フロー」にあたります。

1つの「業務」は、1つ以上の処理・作業で成り立っています。既存の「業務フロー」や「業務体系」を利用して、業務マニュアルの組み立てを検討し、目次構成案の作成へと繋げていくことが可能です。

たとえば、「見積依頼」の業務には「見積要件の整理」「見積依頼書の作成」「見積申請」「見積申請の承認」といった「処理・作業」があります。

業務フロー

業務	①ステップ（処理・作業） ②ステップ（処理・作業） ③ステップ（処理・作業） ……

↓

業務	①ステップ（処理・作業） ②ステップ（処理・作業） ③ステップ（処理・作業） ……

↓

業務	①ステップ（処理・作業） ②ステップ（処理・作業） ③ステップ（処理・作業） ……

2 目次構成案を作成する

集めた情報をもとに、目次構成案を作成していきましょう。作成時のおおまかなながれと、各工程での情報の決め方などについて解説しています。

❶ 目次構成案作成のながれ

目次構成案を作成するときのながれを、以下に示します。また、必要な情報を「過不足なく」含み、「さがしやすい」マニュアルを作るためには、以下の観点に留意します。

目次構成案作成のながれとポイント

[準備] マニュアル方針をもとに情報収集を行う

⬇

①目次の範囲を決める
通常の手順だけに留めるのか、イレギュラーな手順も含めるのか、掲載する情報の範囲を決めます。

②目次の切り口（軸）を考える
業務の軸に加え、「人」や「ケース」、「時間」などの軸も検討します。

③目次の並べ方を考える
情報を時系列で並べます。基本から応用へ、概要から詳細へ。

④適切な見出しを与える
何が記載されているのかが、一目見て分かるような見出しを与えます。

⑤構成方針をまとめる
「目次構成案」として明文化し、マニュアルの設計図とします。

❷工程Ⅰ 目次の範囲を決める

情報をフローに落とし込む

　たとえば、とある業務についてP.48～49を参考に業務手順を収集したところ、以下のような情報が集まりました。

・部門Aが手順1～4を工程1で行う。工程2では手順5を行う。

・先行作業が必要な場合、部門Aは手順3のタイミングで、部門B、Cに作業を依頼する。
　部門Bは手順3a～3bを行う。また、3aの完了後、部門Cは手順3cを行う。

・工程2で部門Bは手順6～7を行う。

・工程3で部門Bが手順8を行った後、部門Cは手順9～10を行う。

・部門Aは工程3で部門Cの作業を受けて、手順11を行う。

　これらの情報だけでは、目次構成案は作りにくいので、検討しやすいように整形します。下の図は、前述の情報をフロー図に落とし込んだものです。

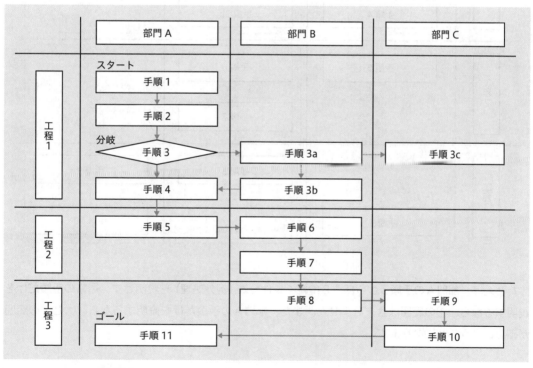

以降は、このフロー図をもとに目次構成案を検討・作成していきます。

掲載情報の範囲を決める

　マニュアルの目次を作成するにあたり、はじめに掲載する情報の範囲を決めましょう。下のようなフロー図をもとに、マニュアルでどの範囲を説明したいかを考えます。それによって、目次は大きく変わります。

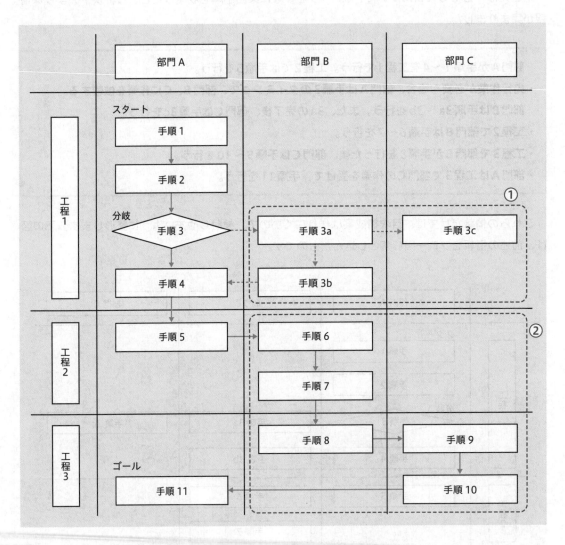

　たとえば、部門Aの手順3から部門Bに続く条件分岐（例外処理）を説明せず、通常の手順だけを説明するなら、①の範囲は含まれません。また、部門Aの手順だけを説明するなら、①と②の範囲が不要ということになります。

　説明範囲を決めるときは、企画段階で決定した「目的・ターゲット・用途」に立ち戻って検討するとよいですよ。

❸ 工程Ⅱ 目次の切り口を考える

　掲載する情報の範囲を定めたら、次は目次の切り口を考えます。ここでは、掲載範囲として「P.52のフロー図の①を含めない」と決めた場合を例に挙げて解説します。

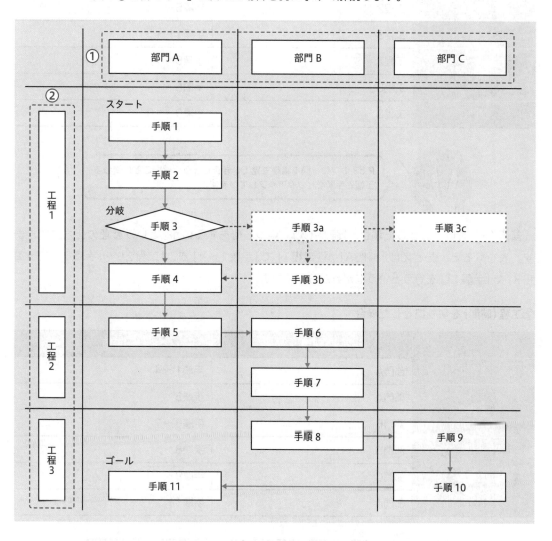

　このフローの場合、①横軸の部門（人）と②縦軸の工程（時間）という2つの切り口があります。どちらを切り口として考えるかによって、目次の組み立て方が変わってきます。次のページでそれぞれを切り口とした場合を見てみましょう。

「誰が（人）」「いつ（時間）」「何のために」使うマニュアルかによって、「何を・どこまで（説明範囲や記載粒度）」伝えるかが決まります。それぞれの切り口から、目次のながれを考えることができます。

①部門（人）を切り口とした場合

	工程	手順
部門A	工程1	手順1〜4
	工程2	手順5
	工程3	手順11
部門B	工程2	手順6〜7
	工程3	手順8
部門C	工程3	手順9〜10

P.53のフロー図を横軸で見ていきましょう。部門ごとに関わる工程と手順をピックアップしています。

　部門（人）を切り口とした場合、「誰が（人）、いつ、何をするのか」という整理の仕方ができます。表を見ると、たとえば「部門A」が「工程1」で「手順1〜4」を、「工程2」で「手順5」を、「工程3」で「手順11」を行うというながれが分かります。

②工程（時間）を切り口とした場合

	部門	手順
工程1	部門A	手順1〜4
工程2	部門A	手順5
	部門B	手順6〜7
工程3	部門B	手順8
	部門C	手順9〜10
	部門A	手順11

次に、P.53のフロー図を縦軸で見ていきましょう。工程ごとに関わる部門と手順をピックアップしています。

　工程（時間）を切り口とした場合は、1つの仕事が完結するまでのながれに応じて「いつ（時間）、誰が、何をするのか」という整理の仕方になります。表を見ると、たとえば「工程1」で「部門A」が「手順1〜4」を、「工程2」で「部門A」が「手順5」を、「部門B」が「手順6〜7」を行うというながれが分かります。

部門（人）と工程（時間）、どちらを切り口にしたほうが、今回のターゲットとなるマニュアル利用者にとって分かりやすいマニュアルになるかという点から検討して決めていきます。

🐾 ワンポイント　業務マニュアルの切り口を検討する

　第2章でマニュアルの目的・ターゲット・用途を「5W1H」で整理、明確にしたうえで、第3章ではマニュアルに掲載する内容を情報収集し、目次構成案にまとめていく方法を解説しています。マニュアルの内容面において、集めた情報を効果的に伝えるため、目的に応じて「どのような切り口で対象の業務を切り取るか」という観点が特に重要です。

　「業務の切り口」とは、業務について説明するときに、どのようなテーマで情報を集約し、並べるかという観点です。たとえば、1冊の業務マニュアルの中で「全体的には時間のながれに沿って説明されているが、担当者別の軸で説明されている箇所もある」など、切り口が混在すると、記載が重複し、さがしにくく読みにくいマニュアルになってしまいます。そのため、テーマがブレてしまわないよう、切り口をしっかり決めることがポイントです。

　業務マニュアルの切り口を検討するときの考え方としては、想定する業務マニュアルの利用者の立場や習熟度、マニュアルをいつ・何のために使うかなどの要件を整理したうえで、最適と思われる切り口（テーマ）を決めます。その切り口に沿って、掲載する情報を取捨選択したり、分かりやすいながれで説明したりするために、目次のながれを考えていきましょう。

人		習熟度		いつ・なぜ （利用シーン）		切り口 （業務の切り取り方）
・現場担当者 ・管理者、承認者、幹部社員 ・経営層 など	×	・初心者 ・中級者 ・ベテラン ・指導者 など	×	・導入時、業務概要を把握する ・ルールを守って日常業務を遂行する ・特定の状況を解決する（月次処理時やトラブル発生時） など	⇒	・時間軸（日・週・月・年）に沿って ・物、サービスのながれに沿って ・業務分担（人）ごと ・習熟度、達成レベルごと など

上の図は「現場担当者」のうち、「初心者・中級者」レベルの習熟度の人が「ルールを守って日常業務を遂行する」ために、「現場担当者業務を時間のながれに沿って解説する業務マニュアル」（切り口）が必要という判断になった例です。

❹ 工程Ⅲ 目次の並べ方を考える

目次の切り口を決めたら、目次の並べ方を考えます。ここでは、P.54の続きから「工程（時間）を切り口とする」と決めた場合を例に挙げて解説します。

	部門	手順
工程1	部門A	手順1～4
工程2	部門A	手順5
	部門B	手順6～7
工程3	部門B	手順8
	部門C	手順9～10
	部門A	手順11

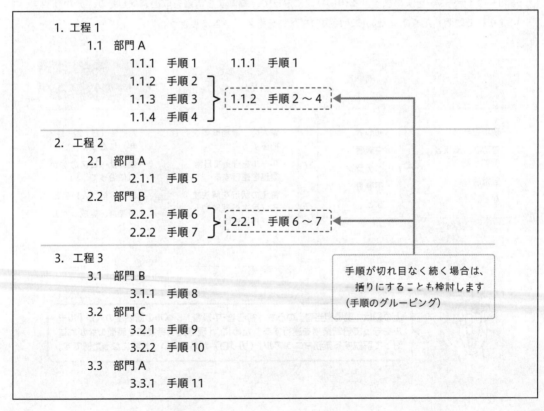

```
1. 工程1
   1.1  部門A
       1.1.1  手順1          1.1.1  手順1
       1.1.2  手順2
       1.1.3  手順3   }  1.1.2  手順2～4
       1.1.4  手順4

2. 工程2
   2.1  部門A
       2.1.1  手順5
   2.2  部門B
       2.2.1  手順6   }  2.2.1  手順6～7
       2.2.2  手順7

3. 工程3
   3.1  部門B
       3.1.1  手順8
   3.2  部門C
       3.2.1  手順9
       3.2.2  手順10
   3.3  部門A
       3.3.1  手順11
```

手順が切れ目なく続く場合は、括りにすることも検討します（手順のグルーピング）

目次を並べるときは、説明が時系列に展開するように考慮します。P.56下の例は、工程（時間）に沿った順序で並べるときに、手順のグルーピングも検討しています。

また、目次を並べるときは階層も意識します。階層の基本は下記のように、章、節、項の3階層を目安とします。

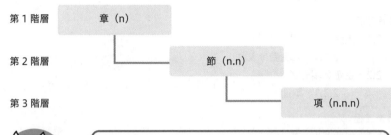

第1階層　　章（n）

第2階層　　節（n.n）

第3階層　　項（n.n.n）

階層を深くしすぎると、内容の全体像や相互の関連が理解しにくい、複雑なマニュアルになりがちなため、気をつけましょう。階層は、P.64「業務マニュアルの構成要素と階層を定義する」で詳しく解説しています。

❺ 工程Ⅳ　適切な見出しを考える

目次の範囲、切り口、並べ方まで決まったら、適切な見出しを与えます。

---

1. 工程1
　　1.1　部門A
　　　　1.1.1　手順1
　　　　1.1.2　手順2〜4

2. 工程2
　　2.1　部門A
　　　　2.1.1　手順5
　　2.2　部門B
　　　　2.2.1　手順6〜7

3. 工程3
　　3.1　部門B
　　　　3.1.1　手順8
　　3.2　部門C
　　　　3.2.1　手順9
　　　　3.2.2　手順10
　　3.3　部門A
　　　　3.3.1　手順11

部門名、手順名などを端的にまとめた例

1. 受注工程
   1.1 販売グループ
      1.1.1 確認
      1.1.2 管理

2. 生産工程
   2.1 販売グループ
      2.1.1 部品受け入れ
   2.2 生産グループ
      2.2.1 製造

3. 検査工程
   3.1 生産グループ
      3.1.1 依頼
   3.2 購買グループ
      3.2.1 検査
      3.2.2 梱包
   3.3 販売グループ
      3.3.1 出荷

部門名、手順名に目的語を補ったり、業務内容に近い見出しに置き換えたりした例

1. 受注工程
   1.1 販売グループの作業
      1.1.1 受注製品の注文内容を確認する
      1.1.2 受注製品の注文内容を管理する

2. 生産工程
   2.1 販売グループの作業
      2.1.1 製品部品の受け入れをする
   2.2 生産グループの作業
      2.2.1 製品の製造をする

3. 検査工程
   3.1 生産グループの作業
      3.1.1 出荷前検査の依頼をする
   3.2 購買グループの作業
      3.2.1 製品の検査をする
      3.2.2 製品の梱包をする
   3.3 販売グループの作業
      3.3.1 製品の出荷をする

P.58の例は、とある製品の受注生産の業務工程です。上図の部門名、手順名を端的にまとめた見出しでも意味は分かりますが、目的語を補ったり、より業務内容に近い見出しに置き換えたりすると、利用者は情報をさがしやすくなります。

見出しには利用者が想像しやすいキーワードを盛り込みましょう。見出しは、読めば本文で伝えたいことが一目で分かる、究極の本文とも言える要素です。

❻ 工程Ⅴ マニュアルの構成方針をまとめる

ここまでの決定事項は、関係者（将来の改版担当者を含む）にマニュアルの構成方針を共有できるよう、まとめておきます。

目次構成案の作成

マニュアルの構成をまとめて「目次構成案」として明文化し、マニュアル作成における設計図とします。目次構成案はマニュアルの骨格となるため、原則として原稿執筆開始後に大幅な変更はしません。しかし、下位階層のタイトルは、原稿の執筆中に変更や調整が必要になることもあります。

詳細スケジュール案の作成

目次構成案が形になると、マニュアル全体のボリューム（総ページ数やトピック数）を見積もることができるようになります。最終期限にあわせて、マニュアル作成の各工程を具体的なスケジュールに落とし込みます。

章	節	項	1月1週	1月2週	1月3週	1月4週	1月5週
1．受注工程	1.1　販売グループの作業	1.1.1　受注製品の注文内容を確認する	▰				
		1.1.2　受注製品の注文内容を管理する	▰				
2．生産工程	2.1　販売グループの作業	2.1.1　製品部品の受け入れをする		▰▰▰			
	2.2　生産グループの作業	2.2.1　製品の製造をする		▰▰▰▰			

目次構成案の各タイトルのレベルまで、作成期間を落とし込みます。

マニュアルの目次構成案を作成してみよう

　とある業務の情報をフロー図に落とし込んだ例をもとに、目次構成案を作成してみましょう。目次の掲載範囲は通常の手順のみ、目次の切り口は工程（時間）とします。

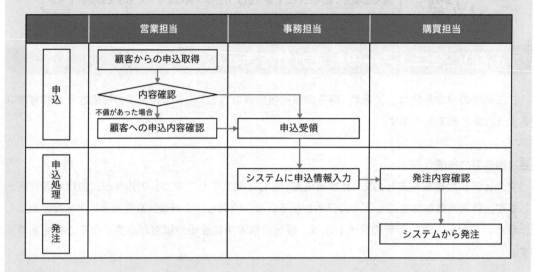

	営業担当	事務担当	購買担当
申込	顧客からの申込取得 → 内容確認 → 顧客への申込内容確認（不備があった場合）	申込受領	
申込処理		システムに申込情報入力	発注内容確認
発注			システムから発注

解答例

1. 申込プロセス
　　1.1　営業担当の作業
　　　　1.1.1　顧客からの申込を取得する
　　　　1.1.2　申込内容を確認する
　　1.2　事務担当の作業
　　　　1.2.1　申込を受領する

2. 申込処理プロセス
　　2.1　事務担当の作業
　　　　2.1.1　発注システムに申込情報を入力する
　　2.2　購買担当の作業
　　　　2.2.1　発注システム上で発注内容を確認する

3. 発注プロセス
　　3.1　購買担当の作業
　　　　3.1.1　発注システムから発注を完了する

4章

業務マニュアルの設計②
〜作成ルールやレイアウト、テンプレートなどの準備をしよう

目次ができたら、企画をもとにマニュアルを構成する要素や表記・文字のルール、レイアウトデザインなどを決定していきます。ここで決めた事項はマニュアルの作成だけでなく、改訂時にも使えるようにしておくと、マニュアル完成後の運用がスムーズになります。

④① 業務マニュアルの作成ルールを決める

マニュアルの執筆方法を定めたルールを「執筆規約」と言います。ルールが固まっていれば、今後の作業も迷わず進められます。ここでは、執筆規約の概要と、定める項目について紹介します。

❶ ルール（執筆規約）を定める

マニュアルの作成方針や目次が決定したら、ルール（＝執筆規約）を定めましょう。

「執筆規約」には、以下の4つの要素が含まれます。マニュアルの構成要素や説明する内容・レベルの定義、用字・用語や表記の統一など、作成にあたっての共通の考え方です。なお、執筆規約の内容は、原稿作成時の負荷を下げるため、マニュアルの目的・ターゲット・用途に応じて必要最小限に抑えるようにします。

---

1. マニュアルの構成

・マニュアルの構成要素（表紙、前付、目次、主部、付録など）
・階層の考え方（階層の深さ、各階層に掲載する段落要素）
・主部の段落要素（見出し、本文、箇条書き、図表など）

2. 表記ルール

・タイトルの表記
・本文の表記
・箇条書きのルール
・注意、参考、参照などの書き方
・操作部分の書き方のパターン

執筆規約

3. 文字・記号ルール

・文字入力のルール
・記号、符号のルール
・漢字、ひらがなの書き分け
・送りがなのつけ方

4. その他

・セキュリティ情報の表示
・書誌情報（作成日、版数など）の定義
・ヘッダー、フッターに入れる情報

「1. マニュアルの構成」は「4-2 業務マニュアルの構成要素と階層を定義する」（P.64）、「2. 表記ルール」は「4-3 段落要素とルールを決める」（P.66）、「3. 文字・記号ルール」は「4-4 文字・記号ルールを決める」（P.84）で詳しく解説しています。執筆規約と「4. その他」については第6章を参照してください。

複数人でマニュアルを執筆した場合、執筆規約がないまま進めると、人によって用語にばらつきが出たり、表現が異なったりして、一貫性のないマニュアルになってしまいます。

　執筆規約を定めることで、誰が担当してもばらつきのない、統制のとれたマニュアルを効率的に作成できます。たとえば、表記ルールでは本文や箇条書き、注意や参考情報の掲載方法、ほかの箇所を参照させる場合の指示の表現方法、図や表の使い方などを決めておきます。さらに、文字入力の仕方や記号・符号の使い方、漢字とひらがなの使い分けなどの細かいルールを、文字・記号ルールとして定めます。なお、社内文書全体に関わる規約がある場合は、その内容も踏まえて検討します。

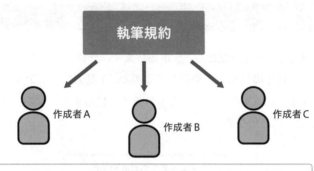

執筆規約

作成者A　作成者B　作成者C

・共同作成、編集の場合でも統制のとれたマニュアル作成が可能
・作成の効率化に繋がる

　また、ルール（執筆規約）と対になる「チェックリスト」（レビューポイント）もあわせて整理、作成しましょう。執筆規約と対応させることで、レビューのときに、執筆規約で定めた項目がモレなく確認できたり、人によってレビューの観点が不統一になったりするのを防いだりすることができます。

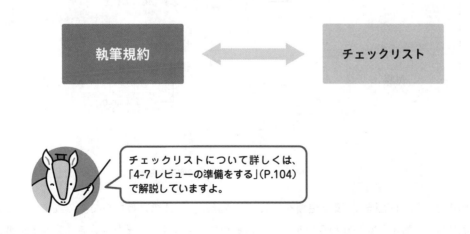

執筆規約　⟷　チェックリスト

チェックリストについて詳しくは、
「4-7 レビューの準備をする」（P.104）
で解説していますよ。

　次のページから、業務マニュアルの構成要素や作成ルールの決め方について解説していきます。

4 2 業務マニュアルの構成要素と 階層を定義する

1冊のマニュアルがどのような要素で構成されているか確認しましょう。ここでは小規模（部やチーム）でマニュアルを作ることを想定した例ですが、業務規模が大きい場合でも最小単位の要素は変わりません。

❶ 構成要素と階層

　マニュアルの構成要素と階層（見出し）を定義します。作成するマニュアルは、どのような要素で組み立てるのか、何階層の見出しで組み立てるのか、1冊のマニュアル全体としての成り立ちを明確にし、必要な情報が記載すべき要素に含まれるようにします。なお、第3章で作成した目次構成案は、下図の「主部」にあたります。

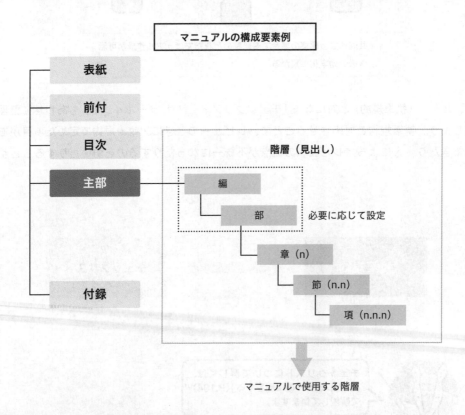

マニュアルの構成要素例

階層（見出し）

表紙
前付
目次
主部
　編
　　部　　必要に応じて設定
　　　章（n）
　　　　節（n.n）
　　　　　項（n.n.n）
付録

マニュアルで使用する階層

　主部の階層は、第1階層を1、第2階層を1.1、第3階層を1.1.1のような形で組み立てていきます。一般的には、3階層程度が分かりやすい目次と言われていますが、それを大きく束ねる必要がある場合には、その上位に「編」や「部」を使うこともあります。

表紙

マニュアルのタイトルや所管部門、制定日、版数などを記載します。

前付

マニュアルを読むうえでの前提条件や対象読者など、マニュアルの本文の前に読者に伝えておきたいことを、前付に書きます。※前付は必須ではありません。

主部

マニュアルの本文を書きます。章・節・項などの階層構造に見出しを設定し、それを柱として作成します。見出し（タイトル）のほか、本文（段落）、箇条書き、注意、補足、参照、図、表などで構成されています。

付録

本文の内容に関連する補足的な情報を、付録として書きます。※付録は必須ではありません。

後々「誰が作るんだったっけ」とならないためにも、主部以外の要素についても執筆担当者や記載内容などを決めておきましょう。なお、付録には、用語集やQA集、帳票記入見本などの情報が掲載されることが一般的です。

マニュアルの階層（見出し）例

階層	見出し名	説明
―	編	主部の最上層。マニュアルの階層が深くなり、複数の「章」を束ねる必要がある場合に、「章」の上位の概念として「編」「部」を設定する。
―	部	
1	章 (n)	業務または処理をブロックに区分し、それら各ブロックを独立した「章」とする。業務体系における大分類とする。
2	節 (n.n)	各ブロックをさらに詳細化し、グルーピングしたものを「節」とする。業務体系における中分類とする。
3	項 (n.n.n)	節の処理が分岐する場合や、複数の処理を列挙する場合は、各項目の詳細を独立した「項」とする。業務体系における小分類とする。

マニュアルの構成要素が決まったら、階層の見出し番号のつけ方や各階層で何について書くかをまとめます。マニュアルの階層は、組織における業務階層にあわせると、階層間での記載粒度が揃いやすく、作る側にとっても、読む側にとってもメリットがあります。

3 段落要素とルールを決める

マニュアル本体を構成する段落要素について解説します。要素ごとの特徴や働き、使い方のほか、執筆規約に含める表記ルールについてもあわせて確認しましょう。

❶ 段落要素

「段落」はマニュアル本体を構成する最小単位で、1つ以上の「項目」または「文」から成ります。段落の要素には、次のものがあります。

要素	役割
編・部・章・節・項見出し	それぞれの階層ごとのタイトル（ラベル）をつけたもの。その階層に掲載された情報を端的に示す。
小見出し	情報の固まりごとのタイトル（ラベル）をつけたもの。
本文	見出しの配下に展開される説明部分で、1つ以上の「文」から成る。
リード文	本文のうち、章、節、項、小項目など見出し語の下にあり、その単位の導入にあたる役割をする。
箇条書き	「順序・優劣」や「特定テーマ」などで束ねられた複数の項目。1つ以上の「項目」または「文」から成る。
図・表・グラフ	視覚的に表現される情報。文章だけでは表現しきれないときや、視覚的に伝えたほうが分かりやすい場合に使用する。
コラム類	本文と区別して掲載される情報。特に注意が必要な内容や、参考情報などをコラムの形式で掲載する。

次のページから、各段落要素の表記やレイアウトルール例を見ていきましょう。

基本的な要素が確認できたら、業務マニュアルを作成する前に、要素ごとにルールを決めておくと、実際に原稿を執筆するときに、統制のとれたマニュアルを効率よく作成できます。

❷ 見出し

　編・部・章・節・項の各見出しと小見出しは、それぞれ検索性が高いことが重要となります。上位の見出しほど大きく目立つフォントにし、本文とは区別できるようにします。下位の見出しは、上位の見出しよりも小さなフォントにし、インデントの位置を下げます。

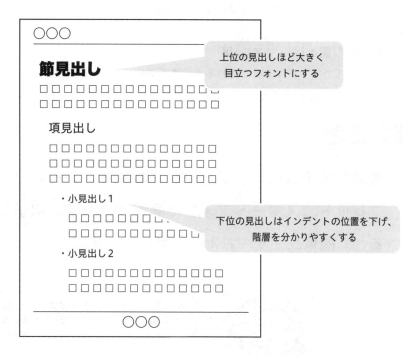

レイアウトデザインに必要なフォントの決め方については、第4章のP.98で解説しています。

ワンポイント　　**見出しの書体**

　　上位の見出しほど目立たせるためには、文字の大きさを大きめに設定するほか、太く、よく目立つ書体を選ぶことも効果的です。書体には主に明朝体やゴシック体をはじめ、丸ゴシック体や筆書体などさまざまな種類があり、それぞれ特徴があります。場合によっては、POP体のような書体も目立つため、見出しに用いることを検討することがあるかもしれません。ただし、マニュアルを電子データで提供予定の場合は、利用者の閲覧環境によって（利用者のパソコンに該当の書体がインストールされていないなど）、書体がうまく表示されないことがあるので、公開方法とあわせてしっかり確認しておきましょう。

❸ 本文

　本文は、インデントや行間の取り方を工夫して、見やすく、情報の固まりを把握しやすい状態にします。また、文末表現や文体、その他強調表現など表記のルールを決めておきます。マニュアル全体をとおして、もっとも大きなウェイトを占めるのが本文です。表現や表記のルールを統一することで、マニュアルの読みやすさの向上に繋げることができます。

「です・ます」調と「だ・である」調

　本文末が「です・ます」調で終わるものを「敬体」、「だ・である」調で終わるものを「常体」と言います。本文の文体（「です・ます」調、「だ・である」調）が統一されていない例を見てみましょう。

❌ Before

管理システムに電子ブックを登録することにより、パソコンやタブレット、スマートフォンで<u>閲覧できます</u>。電子ブックを利用すると、閲覧ユーザーおよび利用状況が管理システムに<u>蓄積される</u>。

読んでいる途中に急に文体が変わると、違和感があります。そのため、文が読みづらくなってしまいます。

◎ After

管理システムに電子ブックを登録することにより、パソコンやタブレット、スマートフォンで<u>閲覧できます</u>。電子ブックを利用すると、閲覧ユーザーおよび利用状況が管理システムに<u>蓄積されます</u>。

1つ目の文末に合わせる

1文目の文体（敬体）に揃えて、2文目の文体を修正しています。文体が揃っていると、最後まで自然に読むことができますね。

　文体（「です・ます」調、「だ・である」調）は、マニュアルの用途、対象読者にあわせて、どちらかに統一します。「です・ます」調は、文末が丁寧語で統一されており、読者に優しく語りかけるよ

うな印象を与えます。そのため、さまざまな人や幅広い層に読んでもらう場合は「です・ます」調が向いています。一方で、「だ・である」調は、伝えたいことを短く、ストレートに表現します。断定的で、堅い印象を受けますが、説得力や主張を強める点では効果的です。

● 「です・ます」調（敬体）

　優しく、柔らかい雰囲気を読者に与えます。

　例：入門マニュアル、ユーザーマニュアル

● 「だ・である」調（常体）

　厳格で、堅い雰囲気を読者に与えます。

　例：システム仕様書、リファレンスマニュアル

「です・ます」調と「だ・である」調の文末表現の例を見てみましょう。

意味	「です・ます」調（敬体）	「だ・である調」（常体）
断定	～です	～だ、～である
推量	～でしょう	～だろう
疑問	～ですか	～か
否定	～ではありません	～ではない
過去	～でした	～だった

ワンポイント

「です・ます」調と「だ・である」調の使い分け

　1つの文書の中で、使用箇所に応じて例外的に「です・ます」調と「だ・である」調を使い分けることがあります。以下の例では、箇条書きのトピックセンテンスを「です・ます」調、項目を「だ・である」調にしています。

※トピックセンテンスは、第5章の「理解しやすい文書構造を作る」(P.110) で解説しています。

例：
電子ブックを管理システムに登録するときの手順を説明します。
1.　管理システムにログインする
2.　新規登録画面で［参照］ボタンをクリックする
3.　電子ブックを選択する

文語調と口語調

　「文語調（文語体）」とは、昔の言葉を使って書かれた文章のため、堅苦しく、古い印象を読み手に与えます。文語調が使われるのは短歌や俳句、詩、小説文などの文学的作品に多く見られます。もとは公用文として使われていた文語調ですが、明治時代以降は公用文改善のながれと共に、文語調は使われなくなった経緯があります。

　文語調の対となるのが「口語調（口語体）」です。私たちが普段話すときに使う言葉がもとになっているため、直感的に理解しやすい表現です。口語調にはさらに、「話し言葉」と「書き言葉」とがあります。

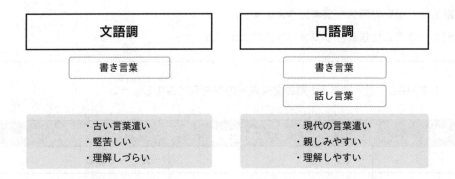

文語調	口語調
書き言葉	書き言葉
	話し言葉
・古い言葉遣い ・堅苦しい ・理解しづらい	・現代の言葉遣い ・親しみやすい ・理解しやすい

文語調は、古代から明治時代くらいまで主流だった書き言葉です。古い言葉遣いで書かれた文学作品は格式高く、品がある一方で、理解するのが難しいところもあります。

文語調の例と、それに対応する口語調には次のようなものがあります。

文語調	口語調
すべからく	当然、ぜひとも
もしくは	または
〜のみならず	〜だけでなく
〜においては	〜では
〜すべく	〜するため
できぬ	できない
会場にて	会場では
きわめて	とても

マニュアルでは、「口語調（口語体）」の表現を使います。口語調は、「です・ます」調や「だ・である」調の形式に近い表現で書かれた文章です。口語調の平易な表現に変えることで、誰にとっても理解しやすい文にすることができます。

文語調が使われている例を見てみましょう。

❌ Before

- 電源ケーブルがパソコンもしくはコンセントから抜けていないか確認します。
- 電源ランプが点灯したら、Aのボタンのみ押します。

どこに文語調が使われているか、分かりましたか。口語調に直した文で、確認してみましょう。

◎ After

- 電源ケーブルがパソコン また は コンセントから抜けていないか確認します。
- 電源ランプが点灯したら、Aのボタン だけ 押します。

「もしくは」を「または」に、「のみ」を「だけ」のように、口語調を使うことで、より平易で理解しやすく、柔らかい表現になりましたね。

4章

業務マニュアルの設計②

🌱 ワンポイント マニュアルで使われがちな文語調の表現

マニュアルでは、次のような文語調の表現を気づかないまま使っていることがあります。このような言葉を使っていたら、口語調の表現に置き換えましょう。

- 各々 →　それぞれ
- いかなる　→　どのような
- いずれか　→　どちらか、どれか
- にて　→　で

ルール作成例

■原則

　文語調の表現は避け、口語調で簡潔な表現を用います。本文中は、「です・ます」調で統一します。

例

○　〜できます。	
×　〜できる。	→「です・ます」調でない
×　〜が可能です。	→簡潔でない
×　〜することができます。	→簡潔でない

■例外

　「図表内の説明文」「箇条書きの項目羅列」などでは、簡潔な表現が求められるため、「だ・である」調または「体言止め」も使用可とします。1つの図表・箇条書きの中では、いずれかに統一します。

■強調表現

　本文中で目立たせたい文字列には、「太字」スタイル（MS Pゴシック＋太字）を設定して強調します。効果的に活用するために、乱用は避け、適用箇所を厳選します。

簡潔な表現にするテクニックは、詳しくは第5章の「読みやすい文章を書く」（P.120）で解説しています。

リード文を読むことで、その後の情報がどのようなものかを掴み、自分に必要な情報かどうかを判断することができます。なお、リード文は必ず入れる必要のある項目ではありません。事前の補足説明が必要なときだけリード文を利用するとよいでしょう。

リード文のポイントは次のとおりです。

・章、節、項、小項目などで説明する内容の要約や概要などを、簡潔に記述する

例

第1章　車両情報の登録・更新

ここでは日々の業務の中で、どのように車両情報を登録・更新するか説明します。

1.1　車両情報を登録する

新車や中古車が売れたときは、「○○○システム」に車両情報を登録します。

1.1.1　業務のながれ

車両の登録が必要なタイミングと運用を説明します。

1.1.2　登録ルール

車両を登録するときのルールを説明します。

1.1.3　操作手順

車両を登録するときの操作手順を説明します。

■■■■■

1.2　車両情報を更新する

車両の使用場所が変わったときは、「○○○システム」の車両情報を更新します。

■■■■■

章のリード文
この章ではどのような内容を説明するか記述する

節のリード文
この節ではどのような内容を説明するか記述する

項のリード文
この項ではどのような内容を説明するか記述する

❺ 箇条書き

　複数の項目を並べて書くときは、「箇条書き」で表記すると読みやすくなります。その際のポイントは次のとおりです。

・順序に意味があるもの（操作手順など）は、数字つきの箇条書きを使用

・順序に意味がないもの（項目の列挙など）は、記号（・、－など）の箇条書きを使用

例：＜順序に意味があるもの＞

文房具を購入するときの手順は以下のとおりです。

１．カタログから購入する文房具を選ぶ

２．購買部に見積を依頼する

３．見積回答を確認し、発注先を決定する

４．購買部に発注を依頼する

例：＜順序に意味がないもの＞

購入できる文房具の条件は以下のとおりです。

・業務で使用するもの

・倉庫に在庫がないもの

・カタログに記載されているもの

階層と行頭文字

　一般的に箇条書きの階層は2～3階層ぐらいまでが適切と言われています。番号つきの箇条書きや記号つきの箇条書きの使い分け、また階層の深さに応じた項番と表記のルールを定めておきます。

ルール作成例

■箇条書き（項目）

　優劣や順位がない同等の項目を列挙する場合は、行頭文字に全角の中黒（・）を使います。

　階層が深くなる場合は、中黒の上位連番として「●」を使用します。

　中黒（・）の下でさらに項目を列挙する場合は、行頭文字に全角のハイフン（－）を使います。

例

　●日次処理

　●月次処理

　　・総務系月次処理

　　・営業系月次処理

　　　－契約集計表のチェック

　　　－成約集計表のチェック

■箇条書き（手順）

　処理の手順などを示す場合は、行頭文字に「1 .」「2 .」「3 .」(数字1桁の場合は全角数字＋ピリオド、数字2桁の場合は半角数字＋ピリオド）を使います。

　手順番号の下でさらに順番を示す場合は、行頭文字には「1)」「2)」「3)」(半角数字＋半角カッコ）を使います。

　条件で分岐する場合は、「■箇条書き（項目）」で定めたルールに従い、「・」や「●」を使用して記述します。

箇条書き（手順）の場合の項番と表記ルール

箇条書き階層	項番	表記ルール
1階層目	1.	・行頭文字：数字（半角）＋ピリオド ・単語または短い体言止めでタイトルをつける ・操作手順の場合は、「○○を○○する」のように目的を示すタイトルをつける。折り返しが発生しない程度の文字数に収まるよう、簡潔な表現を心がける
2階層目	1)	・行頭文字：半角数字＋半角丸カッコ
3階層目	a.	・行頭文字：全角英小文字＋全角ピリオド
4階層目（予備）		
5階層目（予備）		

❻図・表・グラフ

　視覚的に情報を表現する図・表・グラフには、必要に応じて、タイトルや補足説明も記載します。図・表・グラフそれぞれの作り方、選び方、効果についても見ていきましょう。

> タイトルや補足説明は、サイズなどによって異なりますが、図の場合は下部、表の場合は上部に記載するのが一般的です。

図

図の効果は次のとおりです。

> ・文章よりも図で示したほうが、その文書で伝えたい概要やおおまかな要旨について、イメージがつきやすくなる
> ・これから説明する内容の全体像を短時間で伝えることができる

　図を掲載する場合は、既存のイメージファイルを流用するほか、ツールの作図機能で新たに作成する方法もあります。

例：＜フロー図＞

　仕事のながれやシステムの処理を視覚的に表現します。

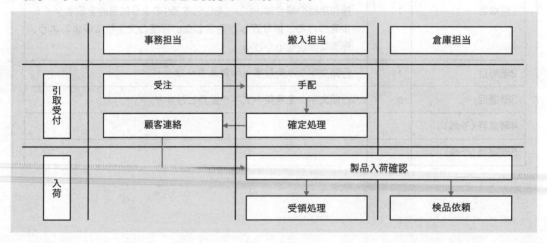

■図

項目	説明
サイズ	その図が属する階層の開始位置、終了位置に幅をあわせる ※大きい図はページの幅を上限として適宜調整
キャプション	図表番号の後に20文字以内で必ずつける

🌱 ワンポイント

Microsoft Officeの活用

　図の作成には、Microsoft Officeをはじめとしたオフィスソフトを活用すると便利です。ここでは、Microsoft Officeの機能の中から、作図に便利なものを紹介します。オフィスソフトで作成した図を画像として書き出し、使用することもできます。

オートシェイプ

　Wordをはじめ、ExcelやPowerPointで使える作図機能の1つです（最新のOfficeでは「図形」という名称が用いられています）。直線や四角形、三角形のような基本的な図形をはじめ、矢印や記号、フキダシなど豊富な種類の図形を追加でき、組み合わせることで任意の図をかんたんに作成できます。

　作成した図形は自由に編集できる点が大きな特徴です。たとえば、図形の拡大・縮小のような変形ができるほか、位置を移動させたり、向きを左右上下に回転・反転させたりすることも可能です。さらに図形の色、図形の枠線の色や太さなども自由に変えられます。効果を適用させると、図形に影をつけたり、3Dのような見た目の図形に仕上げることもできます。

　オフィスソフトを使ったことがある人であれば、誰でもかんたんに自由度の高い図を作成できる、便利な機能です。

SmartArtグラフィック

　オートシェイプと同様に、WordやExcel、PowerPointなどで使える作図機能で、情報やアイデアなどを視覚的に表現するレイアウトが豊富に用意されています。「リスト」「手順」「階層構造」などのカテゴリから、情報を表現するレイアウト（形式）を選ぶことができます。

　たとえば、プロセスやステップなどを表現したい場合は「手順」、組織図を表現したい場合は「階層構造」から任意のレイアウトをクリックして選ぶだけで、すぐに図を作成できます。また、SmartArtグラフィックを追加すると、テキストウィンドウが表示される点も特徴です。テキストウィンドウから必要な情報をテキストとして追加すると、SmartArtの図形上に表示されます。SmartArtのレイアウトでは図形の追加や削除もかんたんにでき、余白などにあわせて自動的に図全体が調整されるため、効率よく見栄えのよい図を作成できます。

4
章

業務マニュアルの設計②

表

表の効果は次のとおりです。

・数値や要素の関係を2軸で整理して表現することで、分かりやすく伝える
・数値や要素の違いを一覧的に比較することで、分かりやすく伝える

文章で書かれた説明と、それを表にまとめて整理した例を比較してみましょう。

❌ Before

PDF 以外のファイルを登録していると「拡張子エラーです。」とエラーメッセージが出るので、PDFファイルに変換してから登録してください。システムにファイルが保存されていないと「印刷できません。」とエラーメッセージが出るので、システムにファイルを保存してください。「削除できません。」とエラーメッセージが出た場合は、権限がないので、システム管理者に依頼してください。

◎ After ＜改善例＞

【エラー対応表】

エラーメッセージ ＼ 原因・対処	原因	対処
拡張子エラーです。	PDF以外のファイルを登録している。	PDFファイルに変換してから登録してください。
印刷できません。	システムにファイルが保存されていない。	システムにファイルを保存してください。
削除できません。	ファイルを削除する権限がない。	システム管理者に依頼してください。

表示されたエラーメッセージごとに、原因と対処方法を表にまとめることで、必要な情報だけをすぐに見つけ、内容に目を通しやすくなりましたね。

> 🌱 ワンポイント

表に凡例をつける

　表内で「○」や「×」などの記号を使ったり、短縮した名称を使ったりする場合は、凡例として表の上や下などに意味を明記しておくと分かりやすくなります。

例1) ○：必須作業　　△：条件に該当した場合の作業　　－：作業不要

例2) 開：開発者　　　　管：運用管理者　　　　ユ：一般ユーザー

　例1を表の凡例につける場合、以下のようになります。

作業状態 ○：必須作業 △：条件に該当した場合の作業 －：作業不要	担当者A	担当者B	担当者C
契約書作成	○	－	△
社内報作成	－	○	－
訪問者用紙の回収・確認	－	○	－
備品在庫管理・発注	○	－	△
パソコンの手配	△	－	○

　表を掲載する場合は、表にキャプションをつけるかどうかや、表のサイズ、また表内のフォントサイズや文末表現などについてルールを決めておきます。

ルール作成例

■表

項目	説明
サイズ	その表が属する階層の開始位置、終了位置に幅をあわせる ※大きい表はページの幅を上限として適宜調整
キャプション	図表番号の後に20文字以内で必ずつける
表のデザイン	・罫線：0.5pt、黒色の実線 ・背景色：白 　※タイトル行は背景色：青 ・左揃え ・文字サイズ：本文と同じ

グラフ

グラフの効果は次のとおりです。

> ・数値の推移や比率を分かりやすく伝えることができる

例：

名前	特徴	例
棒グラフ	比較を示す。棒の高さで複数項目のデータの大小を表現する。	
折れ線グラフ	推移を示す。線の角度によって数値変化の方向を表現する。	
円グラフ	比率を示す。各項目が全体でどれだけの割合を占めているかを表現する。	
ヒストグラム	分布を示す。棒の長さと位置によって、度数のばらつきを表現する。	

グラフごとの特徴と、取り扱うデータの種類によって、適切に組み合わせて用いると効果的ですよ。

ルール作成例

■グラフ

項目	説明
データラベル	グラフ内にデータラベルを入れる ※複雑なグラフは凡例を利用する
キャプション	・図表番号の後に20文字以内で必ずつける ・グラフの下側に示す

ワンポイント 解像度の目安

　図、イラスト、写真や編集ツールから画像形式で書き出したグラフなどをマニュアルに用いる場合、データの解像度を適切な数値に設定することが重要です。解像度の数値が高いとはっきりした仕上がりに、解像度が低いとぼやけた仕上がりになります。一般的に必要とされる解像度の目安は、次のとおりです。

用途	解像度の目安
フルカラー印刷	300〜350dpi
グレースケール印刷	600dpi
モノクロ印刷	1,200dpi
大判のポスター印刷	200dpi
画面上で表示	72dpi

解像度が高くなると、ファイルサイズもその分大きくなります。マニュアルをデータで提供する場合は、ファイルサイズにも留意しておきましょう。

図・表・グラフの見せ方や使う色などは、色彩（P.96）やユニバーサルデザイン（P.99）の観点も踏まえて検討してみましょう。なお、ユニバーサルデザインの観点からも、図・表・グラフのほか、イラストや写真など、文字以外の情報を効果的に使うのも重要なポイントです。

❼ コラム類

　注意、参考、参照などの情報を掲載するコラム類には、必要に応じてアイコンや枠囲みを使い、本文と区別するようにします。

ルール作成例

重要度が異なるなど、本文と区別すべき情報の掲載ルール

■注意

　業務において、特に注意すべき情報（事故に繋がる、担当者の負担になる、システム上不可など）は、読者に注意を促すため、注意アイコンつきコラムとして記載します。

例

注意事項
・数え間違いや、モレを防ぐため、事前に「棚卸しリスト」を用意しておきます
・在庫数があわない場合は、すみやかに在庫担当者に連絡します

■参考

　本文に関連する説明や知っていると便利な参考情報・補足情報は、参考アイコンつきコラムとして記載します。

例

ポイント
1つの製品の製造にかかる時間を「タクトタイム」と言います。タクトタイムを短縮できれば、稼働時間に対してより多くの製品を生産できるようになります。生産リズム見直しの際に、参考にするとよいでしょう。

■参照

　詳細な説明が別に記載されている場合、参照先を示します。

例

同じマニュアル内を参照する場合	→「1.2　取引申請」を参照してください。
他マニュアル・別資料を参照する場合	→「○○○○○マニュアル」を参照してください。

■注記

　図表内で説明している事象や単語に対する補足説明は、「※」をつけて、図表の下に記載します。

例
※電子調達システムは官公庁により異なります。

🖐 ワンポイント

コラム類で使うアイコン

　コラムで扱うアイコンは、「注意」や「参考」など、情報の種類ごとに意味が伝わるよう、シンプルで一目で分かるものを設定しましょう。ただし、アイコンの種類が増え過ぎてしまうと、肝心な情報がかえって目立たなくなってしまいます。また、マニュアル作成者にとってはアイコンの使い分けで、マニュアル利用者にとっては読み分けで負担が増えることになるため、1冊の業務マニュアル内で用いるアイコンの種類は必要最低限に抑えましょう。

　わかりやすいアイコンとしては、P.82のルール作成例で使用したもののほかに、次のような例もあります。

Information（情報）の頭文字を象ったアイコン

ポイントとなる箇所の下に配置し、指し示して補足説明するアイコン

参照やWeb上を検索することで、内容についてより詳しく確認できることを示すアイコン

問い合わせ先やサポート、ヘルプなどの情報を提示するアイコン

4 文字・記号ルールを決める

マニュアル全体のトーンや表現を統一させるために、文字の種類、記号ごとに使い分けを定義します。執筆者によって意味が変わらないようルールを決めておくのがポイントです。

❶ 文字入力

　ひらがなやカタカナ、漢字、英数字など文字の種類に応じて入力時の使い分けを明記します。たとえば、全角・半角の入力ルールを定めておくことで、画面に表示したり、印刷したりする際に、見え方が変わったりするという事態を防ぎます。

ルール作成例

　文字入力の基本ルールは、以下のとおりとします。原則として、漢字・ひらがな・カタカナ・記号は全角、英数字は半角で入力します。

文字の種類	基本ルール
ひらがな、カタカナ	使用できる文字は、キーボードから入力可能なJIS文字とする。
	全角文字のみ使用可能とし、半角文字は使用しない。
漢字	使用できる文字は、キーボードから入力可能なJIS漢字の文字とする。
	旧漢字は、原則として新漢字に置き換える。
	人名など置き換え不可能なものは、イメージ（画像）として取り込み、インライングラフィックにする。
	「〃」や「同上」などの省略をせず、同じ文章を記述する。
	その他シフトJIS以外の文字は、置き換える漢字を別途定める。

「インライングラフィック」とは、テキストの一部として文字と文字の間に挿入された画像データのことです。

文字の種類	基本ルール
英数字	使用できる文字は、キーボードから入力可能なJIS文字とする。
	半角文字のみを使用可能とし、全角文字は使用しない。
空白（スペース）	文字間は半角文字のみを使用可能とし、全角文字は使用しない。
	レイアウトを整える目的で、段落の行頭に空白を入れることは避ける。

「JIS（ジス）」とは、パソコンやインターネット上などで用いられている日本語の文字コードです。ひらがなやカタカナ、漢字のほか、英数字、記号などをそれぞれのコードで表現します。

❷記号・符号

　読点（、）や句点（。）のほか、ピリオドとコンマの使い分けについてもルールを決めておきます。また、カッコの使い分けも重要です。カッコの種類によって、直前の文の内容を説明したり、引用した内容を表示したりするなど、用途に応じて使い分けると分かりやすくなります。

ルール作成例

記号・符号の基本ルールは、以下のとおりとします。

記号・符号	使用位置・用法	全角・半角
読点（、）	文の途中に置き、意味の切れ目を示す。	全角
句点（。）	文末に置き、文の終わりを示す。	全角
ピリオド（.）	見出し・箇条書きの項番、小数点などに使う。 例：1.2 発注システムの操作	半角
コンマ（,）	数字の位取りに使う。	半角
中黒（・）	複数の項目を並べて書くときに使う。	全角
スラッシュ（/）	分数や単位で使う。 ※複数の項目を並べるときは、「/」の使用は避け、「・」を使う	半角

記号・符号	使用位置・用法	全角・半角
コロン（：）	項目についての内容説明を示す。	全角
波記号（〜）	始点から終点を示す、また省略を表す。	全角
カッコ()	直前の内容を説明する。また補足的な項目を併記する。 ※文末()の位置は、「。」の前で統一	本文内では全角
カッコ「」	引用、語句を強調する。画面名称および画面項目を表す。帳票名、マニュアル名、参照先タイトルを表す。	全角
カッコ[]	画面のボタン名、タブ名、ドロップダウンメニュー、コマンドを表すときに使う。	全角
カッコ【】	本文中に見出しとして「注意」「参考」などの区別要素を囲うときに使う。	全角
※	図表の注記を書くときに使う。	全角

ワンポイント

カッコの種類

　文章中のくくり符号として用いられるカッコには、さまざまなものがありますが、主に次のような種類があります。たとえば、丸カッコでは直前の言葉の内容を説明したり、角カッコでは画面上に表示されるボタンを[OK] ボタンのように書いたりするなど、ルールで意味を決めて使い分けるようにします。

()	丸カッコ	〔〕	亀甲カッコ
「」	鉤（かぎ）カッコ	{}	波カッコ（中カッコ）
[]	角カッコ	『』	二重鉤（かぎ）カッコ
【】	隅付カッコ	《》	二重山カッコ
〈〉	山カッコ		

カッコの使い分け方は、執筆規約だけでなくマニュアルの前付部分でも示しておくとよいですよ。利用者も使い分けの意図を理解しながら読み進めることができます。

環境依存文字

　特定の機器の種類やOSといった環境に依存し、別の機器やOSなどで表示させた場合に、文字化けしたり、機器やソフトウェアの誤作動を引き起こしたりする可能性のある文字を「環境依存文字」と言います。たとえば、OSがWindowsの場合、囲み英数字やローマ字、ミリメートルのような単位記号、Windowsの固有漢字などが環境依存文字として挙げられます。ほかのOSではうまく表示されないこともあるので、注意して使用しましょう。

文字分類	環境依存文字の例
丸囲みの数字	① ② ③ ④ ⑤ ⑥ ⑦ ⑧ ⑨ ⑩ ⑪ ⑫ ⑬ ⑭ ⑮ ⑯ ⑰ ⑱ ⑲ ⑳
単位	mm cm km mg kg cc ㍉ ㌔ ㌢ ㍍ ㌘ ㌧ ㌃ ㌶ ㍑ ㍗ ㌍ ㌦ ㌣ ㌫
省略文字	㏍. ㏊ №. ㏍. ㏊ ㊤ ㊥ ㊦ ㊧ ㊨ ㈱ ㈲ ㈹ ㍾ ㍽ ㍼ ㍻ ≡ Σ ∫

❸ 漢字・ひらがな

　漢字とひらがなの使い分けによく用いられる基準として、内閣告示第2号「常用漢字表」と内閣訓令第1号「公用文における漢字使用等について」というものがあります。これらの一部をもとに、マニュアルでは例外はどのようにするか、どこまで漢字・ひらがなの使用を認めるか、慣用句としてはどのように書くと分かりやすいのかを定義するとよいでしょう。

　たとえば、マニュアルの文章で説明する対象が漢字の羅列であったり、アルファベットの羅列が多い場合には、なるべく副詞や接続詞、文法的な言葉（「さらに」「すでに」「たとえば」「および」「したがって」「ただし」）はひらがなで書くようにすると、話の切り替わりや前の文に関連する続きの文が書かれているということが分かりやすくなります。

ルール作成例

> 漢字・ひらがなは平成22年11月内閣告示の「常用漢字表」を基準とします。
> 例外・許容・慣用について、以下に示します。
>
> | × | ○ | 備考 |
> |---|---|---|
> | 他 | ほか | 形容名詞はひらがなで書く。
補足）条件、状況、仮定を表すときに「とき」を使う
補足）理由や原因、抽象的なものを表すときに「ところ」を使う
補足）抽象的なものを表すときに「もの」を使う |

×	〇	備考
筈	はず	形容名詞はひらがなで書く。 補足）条件、状況、仮定を表すときに「とき」を使う 補足）理由や原因、抽象的なものを表すときに「ところ」を使う 補足）抽象的なものを表すときに「もの」を使う
時	とき	
所	ところ	
事	こと	
為	ため	
物、者	もの	
凡そ	およそ	副詞はひらがなで書く。
勿論	もちろん	
全く	まったく	
既に	すでに	
更に	さらに	
尚	なお	
又は	または	
及び	および	
下さい	ください	
出来る	できる	
戴く、頂く	いただく	
おもな	主な	
うえで	上で	例：連絡した上で
全て	すべて	
通り	とおり	例：以下のとおり
流れ	ながれ	例：業務のながれ

 どのように統一していくか、常用漢字表をあくまで基準としつつ、「このマニュアルでは、このように表記しましょう」というところをルールとして決めておきます。

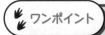 **ワンポイント**

内閣告示から外れた表記

　一般的に使われている表記で、内閣訓令第1号「公用文における漢字使用等について」から外れているものには、以下の例があります。原則として漢字で書くことが定められていますが、日常で一般的に使われる際にはひらがなで書き表すこともあります。

内閣告示	一般的に使われる表記
又は、及び	または、および
既に、例えば、更に、全て	すでに、たとえば、さらに、すべて

　また、漢字とひらがなを使い分ける際の考え方についてもここで紹介します。表意文字である漢字は、その漢字がもともともっている意味が文の全面に出てきます。たとえば、「彼に会った所」と「ところ」を漢字で書けば、場所を意味することになります。ひらがなで「ところ」と書けば、「彼に会ってみたら」や「彼に会ったのだが」などの意味になります。

> このように、漢字がもともと持っている意味とは異なる使い方の場合は、ひらがなを使いましょう。

　次は、ルールに沿って漢字・ひらがなの使い分けを修正した例です。

❌ Before1

データをバックアップする事ができます。

◎ After1

データをバックアップする こと ができます。

4章

業務マニュアルの設計②

効率的に訪問する為に、訪問計画を設定します。

◎ After2

効率的に訪問する ため に、訪問計画を設定します。

「～すること」や「～のため」は原則としてひらがなで
表記します。

　漢字とひらがなの使い分け例として、次の文を読んでみてください。所は「場所」、時は「時間」、
事は「現象」、物は「形のある存在」を意味します。それ以外の場合は、ひらがなで書きます。

---

① **所は「場所」を意味する**
　新しい所で再出発しよう。
　今、文章を書いているところです。

② **時は「時間」を意味する**
　夕暮れ時にカラスを見た。
　困ったときには友達に相談する。

③ **事は「現象」を意味する**
　事の重大さに驚いた。
　そのようなことはやめなさい。

④ **物は「形のある存在」を意味する**
　大きな物が落ちている。
　信頼が何よりも大切なものです。

　「所」「時」「事」「物」などは、普段何気なく漢字で書いてしまいがちです。適切に使い分けられて
いるか、見直してみましょう。
　また、次の例も読んでみてください。「上げる」「言う」「見る」「中」「内」も、漢字がもともともっ
ている意味を考え、異なる使い方の場合はひらがなにしましょう。

⑤ **上げるは「物を高い位置に移す」**
荷物を網棚に上げる。
〜してあげる。

⑥ **言うは「声に出す」**
先生にお礼を言う。
〜という

⑦ **見るは「目でとらえる」**
景色を見る。
〜してみる

⑧ **中は「『形があるもの』の内側」**
荷物の中にある
お忙しいなか

⑨ **内は「『物理的に仕切られているもの』の中」**
箱の内側
〜しているうち

漢字とひらがなの誤った使い分けは、原稿を書いたときには気づかないことも少なくありません。推敲して、文脈や意味に沿っているかもあわせて確認しましょう。

❹ 送りがな

　漢字・ひらがなと同様に送りがなにも基準となるものがあります。内閣告示第2号「送り仮名のつけ方」、内閣訓令第1号「公用文における漢字使用等について」では、送りがなのつけ方や例外などについて明記されています。これらを一部参考にしながら、単独の語で活用がある場合、ない場合、複合語の場合も考慮し、マニュアル用の送りがなの使い分けを決めていきます。たとえば、「表す」や「行う」のような言葉の場合、「表す」の（わ）を送るのか、「行う」の（な）を送るのか、というところの方針を決めておきます。

　基本的には、「漢字・ひらがな」の使い分けと同じように、参考にする文章や基準にする文書にあわせて方針を決めていきますが、マニュアル上での表記については、許容されるものや実際にマニュアルを利用する人の業界での習わしなどもあるため、それにあわせながら使い方を検討していくことになります。

単独の語は「表す」「行う」のほか、「当たり」「代わり」などがあります。複合の語は「受け付け」「入れ替え」などがあります。

送りがなは昭和48年内閣告示第2号として制定、昭和56年内閣告示第3号で一部改訂された「送り仮名の付け方」を基準とします。

例外・許容・慣用について、以下に示します。

×	○	備考
行なう	行う	平易に表現するため「行う」はできるだけ使用を控える。
表わす	表す	
受け付け、受付け	受付	名詞は「受付」 例：申請受付対応業務
	受け付ける	動詞は「受け付ける」
問合せ	問い合わせ	名詞は「問い合わせ」 例：問い合わせ対応業務 ただし、画面や項目で「問合わせ」と表記されている箇所では、それに合わせる。

ワンポイント 用字用語の手引き

　漢字・ひらがな・送りがなの書き分けについて、内閣告示の文章をすべて参考にするには、なかなか敷居が高いといった面もあります。そのようなときは、新聞社が発行している用字用語の手引きや、記者向けのハンドブックを活用するというのも1つの方法です。漢字で書くのかひらがなで書くのか、送りがなをどうつけるのか、文章を書くための専門家が発行しているものでありながら、書店などでかんたんに手に入れやすいため、参考にしやすいというメリットがあります。

ワンポイント 特定のサービスや製品だけで使われる言葉

　漢字・ひらがな・送りがなのほかにも使い方や書き方を定義しておいたほうがよい言葉が「サービスにおける作られた言葉」や「特定の業界や製品、システムなどの中だけで使われる言葉」です。このような言葉については、別途用語集を設けて、使い方や意味などをきちんと定義し、書き方があっているかどうかということも並行して確認していきます。

 ワンポイント

文法上の間違いでよくあるケース

　一般的に、公的な文書やビジネス文書を書くときには書き言葉を使い、日常会話や友人同士の SNS・手紙のようにコミュニケーションを図るときには話し言葉を使います。現代では、両者に明確な定義はありませんが、会話では何気なく使ってしまう言葉でも、文章として書くと間違いになるケースがあります。ここでは代表的なものをいくつか紹介します。なお、以下に示す例は送りがなと異なり、例外や許容などはなく、文法上の誤りであるため注意してください。

「ら」抜き言葉
　可能を表す助動詞「ら」が抜けて「〜れる」となった言葉

> 【×】見れる　→　【◎】見られる
> 【×】食べれる　→　【◎】食べられる

「い」抜き言葉
　「〜している」の「い」が抜けて「〜てる」となった言葉

> 【×】話してる　→　【◎】話している
> 【×】使ってる　→　【◎】使っている

「さ」入れ言葉
　「〜させていただく」のように本来入れない箇所で「さ」を加えた言葉

> 【×】休まさせていただきます　→　【◎】休ませていただきます
> 【×】手伝わさせていただきます　→　【◎】手伝わせていただきます

「なので」を接続詞として使う
　話し言葉の「なので」を、接続詞として文頭に置いて、前後の文を繋げた文

> 【×】午後から雨の予報だ。なので、傘を持って行く。
> 【◎】午後から雨の予報だ。そのため、傘を持って行く。

 マニュアルに限らず、さまざまなビジネス文書でも間違えてしまいがちなケースです。よく注意して、文を書くようにしましょう。

4 5 レイアウトデザインを決める

マニュアルのレイアウトデザインは、読む側が利用しやすく、作る側が編集しやすいデザインにします。レイアウトデザインを決める要素は、デザイン方針として「レイアウト規約書」にまとめます。

❶ レイアウトデザインの検討

業務マニュアルのレイアウトデザインは、次のポイントを踏まえて検討します。

・マニュアルの利用者が見やすい・読みやすい
・マニュアルの作成・更新担当者が編集しやすい

マニュアル利用者
見やすい・読みやすい

**レイアウト
デザイン**

マニュアル作成・更新担当者
編集しやすい

　凝ったデザインで作り込んだマニュアルは、魅力的に感じるものも少なくありませんが、ページの要素が増えてくると、読む側の負担となってしまいます。それだけでなく、編集の手間もかかってしまうため、作る側にも負荷が生じ、改訂されないマニュアルになってしまいがちです。読む側にとっては「読みやすい」「さがしやすい」、作る側にとっては「作成しやすい」「編集しやすい」というポイントを念頭に置きながら、レイアウトデザインに必要な要素を検討していきましょう。

必要な要素を配置して、マニュアルをテンプレート化していきます。テンプレート化については、「4-6 テンプレート化する」（P.100）で詳しく解説しています。

レイアウトデザインを決める主な要素には、以下があります。

ヘッダー →　○○○

見出し →　■■■

本文 →　□□□□□□□□□□□□□□□□□□□□□
□□□□□□□□□□□□□□□□□□□□□
□□□□□□□□□□□□□□□□□□□□□

■■■
□□□□□□□□□□□□□□□□□□□□□
□□□□□□□□□□□□□□□□□□□□□
□□□□□□□□□□□□□□□□□□□□□

図・表・グラフ →　

コラム類 →　**注意**

参考

フッター →　○○○

👐 ワンポイント

ヘッダーとフッター

　ヘッダーは、マニュアル内で見たい箇所を検索する際に役立ちます。章タイトルや節タイトルなど、見出しとなるタイトルを入れることで、マニュアルを開いたときに、現在のページがマニュアルのどの部分に位置しているかを把握できます。

　フッターは、ページ番号や書誌情報を入れる際に用いるのが一般的です。電子データで見せる場合は、ページ番号は中央部に配置し、書誌情報は右端・左端のどちらかに配置します。紙媒体で見せる場合は、左ページでは左端、右ページでは右端に配置します。

❷ 色彩

　レイアウトデザイン案では、レイアウト全体で用いる色についてもあわせて検討しましょう。デザインを凝りすぎてしまうと、いろいろな色で装飾をあしらったり、記載情報を目立たせたりしてしまいがちで、かえって見にくくなってしまうことがあります。次のポイントに注意しながら、作成するマニュアルが見やすくなるような色使いを心がけるとよいでしょう。

・使う色は黒以外に3種類までにする

・同系色を使ってまとまりのあるイメージにする

・色と情報を関連づける

使う色は黒以外に3種類までにする

　色は2種類、多くても1ページで3種類に収まるようにすると見やすい文書になります。色の選び方としては、まず「メインカラー」を決めます。メインカラーはデザインの主役となる色で、明度が低い色のほうが扱いやすいとされています。次に「ベースカラー」を決めましょう。ベースカラーは、マニュアルの場合、見出し、図、表の行列の見出しなどに使う色になります。明度（色の明るさ）の高い濁色やメインカラーの明度を上げた色を使うとよいです。色を3種類用いる場合は、最後に「アクセントカラー」を決めます。アクセントカラーは、要所要所で、ページにアクセントを出したいときに用いる色です。メインカラーとベースカラーだけでは単調になりがちなときに使います。メインカラーとは反対の色（補色）を選ぶと、バランスの取れた組み合わせになりやすいです。

メインカラー
明度が低い色

ベースカラー
明度を高くした色

アクセントカラー
反対色（補色）

※ここで取り上げている
カラーはおおまかなイ
メージです

　一般的に、デザインなどで用いる3種類の色（メインカラー、ベースカラー、アクセントカラー）は「テーマカラー」と呼ばれます。テーマカラーの配色比率には「70：25：5の法則」があり、この法則に則って各テーマカラーを配色すると、まとまりのあるデザインにすることができます。

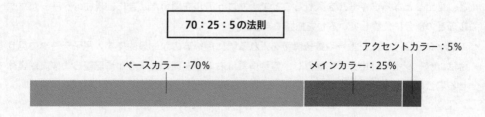

70：25：5の法則

ベースカラー：70%　　　　　メインカラー：25%　　　アクセントカラー：5%

同系色を使ってまとまりのあるイメージにする

　まとまりのあるイメージにしたい場合は、同系色の色でまとめるのがおすすめです。メインカラーが決まったら、その色の類似色に近い色からベースカラーを選ぶとよいでしょう。たとえば、メインカラーが寒色系の場合、ほかの色も寒色系から選びます。また、メインカラーのトーンが暗めの場合は、ほかの色もあわせて暗めにするなどしても同系色としてまとめやすくなります。

色と情報を関連づける

　主に図やグラフ、表などに用いることできるポイントです。複数の事柄を比較して見せたいとき、関連する項目ごとに色を統一したり、強調したいところだけ色を変えたりするなど、色を補足要素として活用することで、情報をぱっと見て分かりやすくできます。また、項目ごとに色を分けた場合は、後に続くページでも各色が何を示しているのかというルールを統一するようにしましょう。

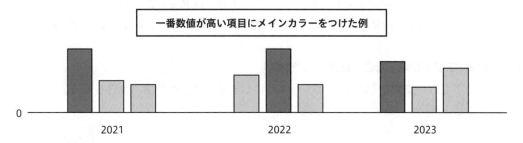

一番数値が高い項目にメインカラーをつけた例

使う色によっては読む側が認識できないこともあるため、注意が必要です。ユニバーサルデザインの観点に立った色の選び方については、P.99 を参照してください。

🐾 ワンポイント

原色や純色は避ける

　「原色」は組み合わせてさまざまな色を表現するもととなる色のことで、赤・青・黄（減法混合：色の三原色）、赤・緑・青（加法混合：光の三原色）の2種類があります。前者は紙に印刷する場合に用いられるのに対し、後者は主にテレビやパソコンのディスプレイなどに表示する映像で用いられます。なお、両者の違いにより、マニュアル印刷時にディスプレイで見ているとおりの色を再現できないことがあります。

　「純色」は各色相（色合いの違い）の彩度（色の鮮やかさ）と明度がもっとも高い色です。純色は自然な色ではないため、違和感を感じやすくなってしまいます。

　原色や純色は文字の色などに用いるとチカチカして読みにくく、目にも負担がかかるため、レイアウトデザインでは避けたほうがよいです。どうしても使いたい場合は、彩度と明度を少し下げた色を用いるようにしましょう。なお、注意喚起の情報を掲載する場合には、誘目性を高めるために「黄＋黒」の配色を活用することがあります。

❸ フォント

　マニュアルで使用するフォントは、十分に読みやすいものかどうかを意識することが重要です。次のポイントを確認してフォントを決めましょう。

文字の大きさ

　A4用紙に印刷する場合、段落要素「本文」を「12ポイント」以上にします。「14ポイント」にすると、より読みやすくなります。Web上で閲覧する場合は、「16～18px」が大体の目安です。

　「見出し」など、その他の段落要素のフォントサイズは、「本文」を基準に決めていきます。

文字の書体

　見やすいのは、太さが均一な「ゴシック体」です。小説や論文など長文が続く場合は、明朝体が読みやすいと言われます。マニュアルも、長文になるときは明朝体を用いるとよいでしょう。

文字の間隔（字間・行間・余白・配置・バランス）

　文字の上下左右の空間を「詰めすぎない」ようにします。適度な空間、余白を取るように意識するとよいでしょう。

文字の強調（太字、大きな字、下線、網掛け、影つき）

　「太字」や「下線」、「大きめの字にする」などして強調する方法があります。なお、網掛けや影つき文字は、かえって見にくくなってしまうこともあるので、使いどころには注意が必要です。

❹ デザイン方針をまとめる

　要素のレイアウトやデザインなどの決定事項は、関係者（将来の改訂担当者を含む）にマニュアルのデザイン方針を共有できるよう、まとめておきます。

レイアウト規約書の作成

　マニュアルのデザイン方針などをまとめ、「レイアウト規約書」として明文化します。

　レイアウト規約書は、実際の原稿作成を進める中で、変更・調整が必要になることがあります。最新状態を維持し、更新時には関係者と情報共有することで、マニュアルの標準化状態を維持することができます。

ワンポイント

ユニバーサルデザイン

　「ユニバーサルデザイン」とは、「ユニバーサル（すべての）」と「デザイン」を組み合わせてできた言葉で「すべての人のためのデザイン」という意味があります。年齢や性別、文化の違い、障がいの有無などに関わらず、誰にとっても分かりやすく、使いやすい都市や生活環境をデザイン（計画・設計）するという考え方です。ユニバーサルデザインは、あらゆるものに適応でき、たとえば「食品（ユニバーサルデザインフード）」の場合だと「柔らかさ」や「飲みやすさ」に重点を置いて設計されます。そのほかにも、住まいのユニバーサルデザインや電化製品や文房具といったユニバーサルデザイン製品もあります。

　業務マニュアルにおいても、例外ではありません。さまざまな人が読み手となる媒体だからこそ、誰にとっても分かりやすく、使いやすいものである必要があり、ユニバーサルデザインの考え方と通ずるところでもあります。これまで述べてきた要素や色彩に加えて、ユニバーサルデザインの視点も取り入れながらレイアウトデザインを検討するとよいでしょう。

　業務マニュアルを作成する際、ターゲット（対象読者）となるすべての人が情報を受け取り、理解できることが重要なポイントです。ターゲットの中には、いろいろな人がいることを想定しましょう。たとえば、次のような人へは、特に配慮が必要です。

・視覚障がい者　　・色弱者　　・聴覚障がい者　　　・知的障がい者

・高齢者　　　　　・外国人　　など

　また、色の見え方が異なる人にとっても、見分けやすい色を選択しましょう。以下に例を示します。より詳しく知りたい場合は、「カラーユニバーサルデザイン」で調べてみたり、「ユニバーサルデザイン推奨配色セット」を活用してみたりするのもおすすめです。

・赤を使う場合、「赤橙」や「オレンジ」を使う（濃い赤や暗い赤は使わない）

・暗い緑は赤や茶色と見分けにくいため、「明るい緑」や「青みが強い緑」を使う

 色の塗り分けに「模様」などを併用したり、境目に細い黒線や白抜きの輪郭線を入れて色同士を見分けやすくしたりするなど、色以外の要素で分かりやすく工夫することも心がけましょう。

 ワンポイント

配慮した表現の使い方

　文書や印刷物のユニバーサルデザインは、文字や図、色などレイアウトデザイン的な要素ばかりでなく、文章表現も配慮すべきポイントの1つに含まれます。たとえば、「常用漢字表にない漢字は使わない」「難しい人名や地名、固有名詞には振りがなをつける」といった表記に関するもののほか、人権尊重や男女共同参画の観点から偏見や誤解を生むような表現を避けるといった配慮も必要です。

4-6 テンプレート化する

マニュアルのテンプレート化とは、原稿の新規作成時や改訂時に繰り返し使用できるように、あらかじめ必要な要素を決めて定型書式にすることです。ここでは、ひな形の推奨例と共に解説します。

❶ ひな形とは

「ひな形」とは、一部を変更するだけで、繰り返し使用することのできる定型書式のことで、「テンプレート」とも呼ばれます。「4-3　段階要素とルールを決める」を参考に構成要素を検討し、レイアウトデザインを作成したら、定型化してひな形とします。これを「テンプレート化」または「型化」と言います。

テンプレート化（型化）

掲載要素を抽出・定型化　→　レイアウトデザイン検討　→　ひな形完成

完成したひな形（定型のフォーマット）に、「必要事項を記入するだけで業務マニュアルが完成する」という状態を準備しておくことで、マニュアルの改訂時など今後の作業をスムーズに行うことができます。

❷ ひな形の推奨例

ひな形を作成しておくと、マニュアル作成者は白紙の状態から原稿を書き始めなくてよいので、作業に見通しをもつことができます。また、掲載要素を定型化することで、作業を複数人で分担した場合でも、担当者によって記載要素や内容がばらつくことがないため、掲載内容にも一貫性をもたせることができます。

ひな形（テンプレート）がない	ひな形（テンプレート）がある
○○業務 （白紙）	○○業務 ■業務目的 ■留意点 ■実施手順 1. 2. 3.

では、業務マニュアルに掲載しておくとよい掲載要素の「型」を推奨例として紹介します。

<業務手順>
・業務フロー図
・業務手順（ステップ）
・完了基準

　まずは、業務内容をステップを追って明文化した「業務手順（ステップ）」が必要です。あわせて「完了基準」を入れます。完了基準とは、「○○の状態になっていればこの業務は完了」という基準を明記したものです。業務手順のみでは、一連の業務が完了しているか、実施後が正しい状態になっているかを現場担当者が判断できません。そのため、業務手順とあわせて示します。

　なお、業務手順（ステップ）のステップ数が多かったり、条件によって途中で分岐が発生したりするなど、複雑な業務の場合は、先に「業務フロー図」を示すことで、全体像を理解しやすくなります。

　「業務フロー図」「業務手順（ステップ）」「完了基準」の3点で「業務手順」一式とします。

「業務手順（ステップ）」は業務マニュアルの本体とも言える要素ですね。

よくありがちな業務マニュアルとして、「業務手順」一式だけを集めてマニュアルにしたものが少なくありません。しかし、「業務手順」一式だけでは、「何のためにこの業務をするのか」「自分の担当範囲の前後がどのようになっているのか」などが伝わらず、現場担当者は単に決められた手順をなぞるだけの作業になってしまいます。その結果として、指示されたことしかできない、応用的な対応ができないなど、所謂「マニュアル的な対応」を生む「業務マニュアル」になってしまいます。

そのような事態を避けるため、「業務手順」一式とあわせて、「業務定義」を提示します。業務定義とは、業務の目的や、事前に把握しておくとスムーズに業務に着手・遂行できる情報、ミス・トラブルを回避できる情報などです。

＜業務定義＞ ・業務の目的 ・業務の概要 ・発生のきっかけ、頻度 ・担当係 ・関連法規、資料など ・使用するもの（道具、帳票、システムなど） ・留意点	＋	＜業務手順＞ ・業務フロー図 ・業務手順（ステップ） ・完了基準

業務定義の中でも、「業務の目的」「業務発生のきっかけまたは頻度」「担当係」「留意点」は、特に掲載しておくとよい要素です。「業務の目的」を示すことで、担当者は「なぜこの業務・作業が必要なのか」という業務の本質を理解することができます。本質を理解したうえで、完了基準という具体的なゴールを見ると、業務ステップに創意工夫や効率化の余地を見つけられるかもしれません。そのほかの項目も、あらかじめ準備することで効率よく業務を進める、責任範囲を明確にする、リスクを回避するなどの効果を期待できます。作成する業務マニュアルの性質に応じて、適宜取り入れてみましょう。

ワンポイント　見える化シート

作成したテンプレートを埋めるときに、実際の業務についてヌケ・モレ・ダブリなく情報整理するために「見える化シート」を作り、活用することも有効的です。業務実態を体系的に表すことができ、業務フロー図や業務手順の作成などにも役立てられます。

例

事務業務ヒアリングシート

1	業務名称	
2	業務の目的	
3	発生頻度、きっかけ	
4	主担当部署・グループ	
5	関係部署	

❸ ひな形を作成する

　レイアウトデザインの構成要素ごとに、フォントやサイズ、インデント、行間などを定義し、ひな形（テンプレート）を作成します。使用するツールで作ったひな形は、テンプレートデータとして保存しておき、マニュアル作成時に活用しましょう。また、ひな形は、「レイアウト規約書」（P.98）として明文化します。

例

○○部 業務マニュアル　　　　　　　　　　　　　　　　　　　　　　　1.＜業務＞の名称

1.　＜業務の名称＞

（1）　＜業務工程の名称＞

業務定義

■業務の目的
　　・＜業務を実施する目的（XXのために実施する）を書きます＞

■発生頻度、きっかけ
　　・＜定期的に発生する業務では「発生時期・頻度」、随時発生する業務では「きっかけ・トリガー」を書きます＞

■主担当係
　　・＜この業務の主担当を書きます（プロジェクト担当者、リーダー、幹部社員 など）＞

■インプット
　　・＜この業務を実施するときに判断などの根拠とするインプット情報を書きます＞

■アウトプット
　　・＜この業務を実施した後にできるアウトプットを書きます＞

■使用するシステム
　　・＜この業務で使用するシステムやシステムメニューを書きます＞

■関連法規
　　・＜この業務に関係する法令などがあれば書きます＞

■備考・留意点
　　・＜業務の実施時に気をつけることなどを書きます＞

業務手順

　1.＜実施する作業内容（1ステップ）を書きます＞
　2.＜実施する作業内容（1ステップ）を書きます＞
　3.＜実施する作業内容（1ステップ）を書きます＞

完了基準

　　・＜完了基準（XXが完了している、XXの状態になっている など）を書きます＞
　　・＜完了基準（XXが完了している、XXの状態になっている など）を書きます＞

社外秘　　　　　　　　　　　　　　　　ページ番号　　　　　　　　　　　　　　第1.0版

7 レビューの準備をする

作成したマニュアルにヌケやモレ、ミスなどがないかレビューを行います。
レビューの目的とあわせて、ここでは3種類のレビュー方法について解説します。

❶ レビューの目的と方法

執筆規約でルールを定めたら、そこで定義した内容をピックアップします。マニュアルの原稿を
レビューするときの「チェックリスト」として準備しておきましょう。

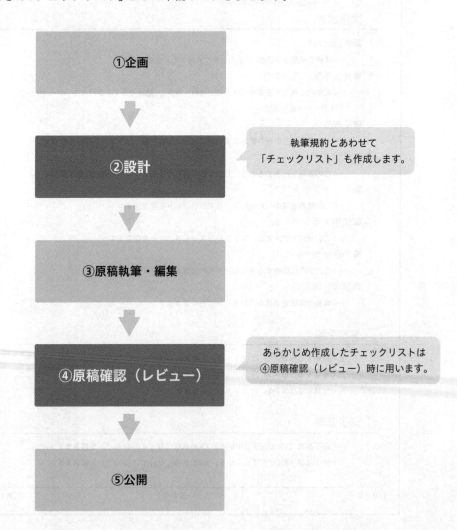

| ①企画 |
| ②設計 | 執筆規約とあわせて「チェックリスト」も作成します。 |
| ③原稿執筆・編集 |
| ④原稿確認（レビュー） | あらかじめ作成したチェックリストは④原稿確認（レビュー）時に用います。 |
| ⑤公開 |

> **レビューの目的**
> ・盛り込むべき情報に誤りやモレがないようにする
> ・入力ミスや文法的な誤りをなくす
> ・作成者以外の観点で見直すことで、プロジェクトメンバーが作成したマニュアルの質を向上させる

特に、レビューの目的にある2つ目「入力ミスや文法」のチェックは、原稿を執筆した本人よりも、第三者が確認したほうが単純に正誤に気づきやすいです。執筆者にとっては何度も見慣れた原稿になるため、漢字の間違いやタイトルの間違い、点や丸のあるなしに気づきにくくなります。

さらに、内容に関しても作成者以外の観点で見直すほうが、正誤の判断をより的確にできます。たとえば、作成メンバーの中でも原稿を交換して確認することにより、マニュアルの作成方針などを理解している分、正しい判断を下しやすいです。

これらのレビューの目的を達成するために3つのレビューの方法があります。

> **レビューの方法**
> ・自己レビュー
> ・相互レビュー（クロスチェック）
> ・集合レビュー

自己レビュー

自己レビューは、原稿を執筆した本人が自分で原稿を読み直すことです。書いた当時は気がつかなかった点も、2～3日経ってから見直すと「どうしてこんなことを書いたのだろう」と思うこともあります。そのため、少し時間を置いてから自分が書いた文章を自分で見直すという作業が必要です。

相互レビュー（クロスチェック）

「クロスチェック」のほか、「ピアレビュー」と呼ばれることもあります。ほかのマニュアル作成メンバーに執筆した内容を確認してもらうなど、自分以外の人にチェックをお願いすることで、自分では見つけられないモレやミスを洗い出してもらえます。相互レビューをしっかり行うことで、入力ミスや誤字脱字といった初歩的なミスはきちんとなくしておくようにしましょう。

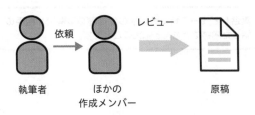

依頼　　レビュー

執筆者　　ほかの　　　原稿
　　　　　作成メンバー

集合レビュー

　マニュアル作成メンバーのほか、たとえば部・チーム内のほかのメンバーや上司、複数部門の社内関係者が関わっているマニュアル作成の場合は、そのメンバーが一堂に会して、レビューを行う方法です。

　作成メンバーと関係者間で原稿をやり取りするにあたり、「ここをこう直してほしい」という指摘のもと修正しても、なかなか関係者側に納得してもらえない……といった場合が起きたときに行います。作成メンバーは「このような解釈で、このように直した」という話を伝えたり、関係者側は「実はそういうつもりではなく、本当はこのように直してもらいたい」という話をしたりすることで、文字だけでは伝わりにくい思いや目的などをお互いに共有することができます。

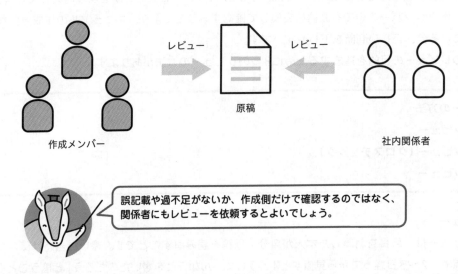

誤記載や過不足がないか、作成側だけで確認するのではなく、関係者にもレビューを依頼するとよいでしょう。

　集合レビューでは、原稿や文書などを画面上に映し出しておけば、リアルタイムで修正意図や修正方針、実際の修正文、修正の仕方などを確認することができます。関係者側の修正要望に対しては、「我々はこう理解して、このように直そうと思うのですが合っていますか」というように尋ねると、関係者側は自分の話した内容がきちんと伝わっているか理解できるうえ、聞いてもらえたという満足感もあります。

　相手が何を思っているか、どのように直したいかというのをきちんと聞いたうえで受け答えし、完成したマニュアルを届けられるように進めていきましょう。

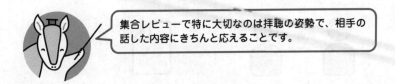

集合レビューで特に大切なのは拝聴の姿勢で、相手の話した内容にきちんと応えることです。

❷ チェックリストの項目

　内容、構成、ライティングの各観点で、重要度の高いチェック項目を洗い出し、チェックリスト化します。用語のゆれなどは、校正支援ツールを活用して効率的にチェックすることも可能です。

例：

内容	□マニュアルの冒頭で目的が明記されているか □マニュアルの冒頭で対象読者が誰か明記されているか □マニュアルの冒頭で使い方が明記されているか
構成	□目次から全体構成が分かるか □読者が利用しやすい構成になっているか □章、節、項のレベルが統一されているか
ライティング	□章・節・項の見出しから内容が推測できるか □章、節などの冒頭に、概要や主題を説明しているか □概要→詳細、時系列など、適切な順序で説明が展開されているか □一文が長すぎないか、一段落の文が多すぎないか □一文一義の簡潔な表現か □文体は統一されているか □用語は統一されているか □表記（送りがなや記号の使い方など）は統一されているか

チェックリストでの確認結果を原稿に反映し、できあがった原稿を再度チェックし、それを繰り返しながら原稿を完成させていきましょう。

　上図のようなチェックリストを第三者に確認してもらい、率直な感想をもらうという使い方や、メンバー内で内容がある程度分かる人にさらに細かくレビューをお願いするという方法もあります。

　特に、「ライティング」の項目では、たとえば「一文が長すぎないか」「一段落の文が多すぎないか」「用語は統一されているか」などは、ライティング面に精通していないメンバーのほうがかえって分かる（気づく）ということもあります。そのため、チェックリストの項目によって人を分けたり、内容に応じて人の目だけでなく機械の目（校正支援ツール）を使ったりする場合も考えられます。

　どんなに内容を精査し、きちんとチェックを行ったマニュアルで、どんなによいことが書いてあったとしても、読んだ瞬間に誤字や脱字などがあると、一気にマニュアルへの信用度が下がってしまいます。そのような事態を防ぎ、マニュアルの質や評価を保つという意味でも校正支援ツールやチェックリストなどを使いながらマニュアルを精査していくようにしましょう。

4章 業務マニュアルの設計②

マニュアルのひな形を作成してみよう

　業務マニュアルのひな形を作るため、とある業務について、掲載したい要素を書き出しました。
これらの情報をもとに、ひな形を作成してみましょう。情報は項目ごとに分類し、適切な見出しを
つけ、見やすいレイアウトデザインも考えて、適用してみましょう。

掲載したい要素

・業務の進め方や作業手順
・業務の目的
・業務で使うもの（システム、帳票、道具など）
・いつ、どうやって業務が発生するか？
・留意すること
・業務の完了基準

解答例

○○部 業務マニュアル　　　　　　　　　　　　　　　　　　　　　　1.＜業務＞の名称

1.　＜業務の名称＞

(1)　＜業務工程の名称＞
業務定義

■業務の目的
　・＜業務を実施する目的（XXのために実施する）を書きます＞
■発生頻度、きっかけ
　・＜定期的に発生する業務では「発生時期・頻度」、随時発生する業務では「きっかけ・トリガー」
　　を書きます＞
■使用するもの
　・＜この業務で使用するシステムやシステムメニューを書きます＞
■留意点
　・＜業務の実施時に気をつけることなどを書きます＞

業務手順

　1.＜実施する作業内容（1ステップ）を書きます＞
　2.＜実施する作業内容（1ステップ）を書きます＞

完了基準

　・＜完了基準（XXが完了している、XXの状態になっている など）を書きます＞
　・＜完了基準（XXが完了している、XXの状態になっている など）を書きます＞

社外秘　　　　　　　　　　　　　　　　ページ番号　　　　　　　　　　　　　　第1.0版

5章

業務マニュアルの作成
〜誰が読んでも伝わる文章にしよう

いよいよマニュアルの作成に入ります。ここでは、情報を分かりやすく整理するまとめ方や、誤解されない文章の書き方について解説します。

理解しやすい文書構造を作る

理解しやすい文書構造の作り方を学習していきます。基本的な文書構造や、パラグラフ、トピックセンテンスの関係を確認しましょう。

❶ パラグラフの明確化

　段落要素の本文を、「パラグラフ」とも言います。1つのパラグラフには、1つの主題のみが書かれています。通常、文書全体はいくつかのパラグラフで構成されており、下図では、「1.レジ業務概要」という表題の下に、2つの文章の固まり（パラグラフ）があります。「2.レジトレーニングステップ」の表題の下にも1つのパラグラフがあります。

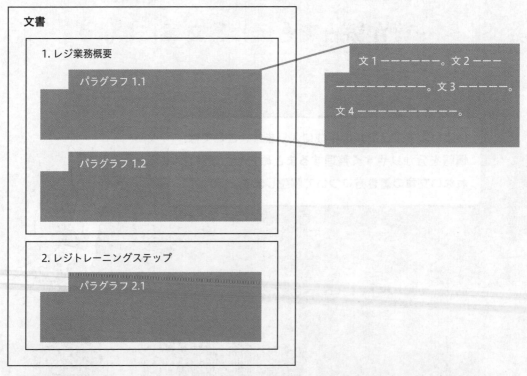

英語圏では、パラグラフ単位で文書を作成すると分かりやすくなると言われています。日本語の文書を作成するときも、誰が読んでも分かりやすく伝えられるためのスキルとして意識してみましょう。

では下の文章は、いくつの主題、すなわち、異なる話題で構成されているでしょうか。

各種の調査でシニア層の特徴が浮かび上がってきた。それは、「時間の使い方」、「コミュニティーへの参加」、「不都合などの解消」という意識面での変化である。

シニア層は自分で使える自由な時間を持っているが、その時間の使い方に関しては、感度が高くなってきている。自分が欲しいもの、好きなコトに対して時間を使うことは惜しまない、という時間の使い方が若い世代との決定的な違いである。

また、シニア層に入るまでは、特に男性においては会社という縦社会への帰属意識が強いが、退職などを契機に、縦社会との関係がなくなり、新たな同好の仲間、地域社会などの横社会への参加意識が高まってきている。男性も女性も地域社会に関心を寄せるようになってきている。

① 各種の調査でシニア層の特徴が浮かび上がってきた。それは、「時間の使い方」、「コミュニティーへの参加」、「不都合などの解消」という意識面での変化である。

② シニア層は自分で使える自由な時間を持っているが、その時間の使い方に関しては、感度が高くなってきている。自分が欲しいもの、好きなコトに対して時間を使うことは惜しまない、という時間の使い方が若い世代との決定的な違いである。

③ また、シニア層に入るまでは、特に男性においては会社という縦社会への帰属意識が強いが、退職などを契機に、縦社会との関係がなくなり、新たな同好の仲間、地域社会などの横社会への参加意識が高まってきている。男性も女性も地域社会に関心を寄せるようになってきている。

この文章では3つの主題が書かれていますね。①1つ目の主題「調査で明らかになったこと」、②2つ目の主題「シニア層がほかの世代と違うこと」、③3つ目の主題「地域社会に男性も女性も関心を持ち始めていること」を説明しています。

　文章構造を決定する場合は、「主題の数」(=自分の言いたいこと)がいくつあるのか明確にしましょう。主題ごとにパラグラフという文の固まりでまとめるようにし、文書全体の構造を決定していきます。

パラグラフの構造

　パラグラフの数（主題の数）が明確になったら、次はパラグラフの中の構造に注目していきましょう。パラグラフの構造は「トピックセンテンス」と「展開部」に分けることができます。

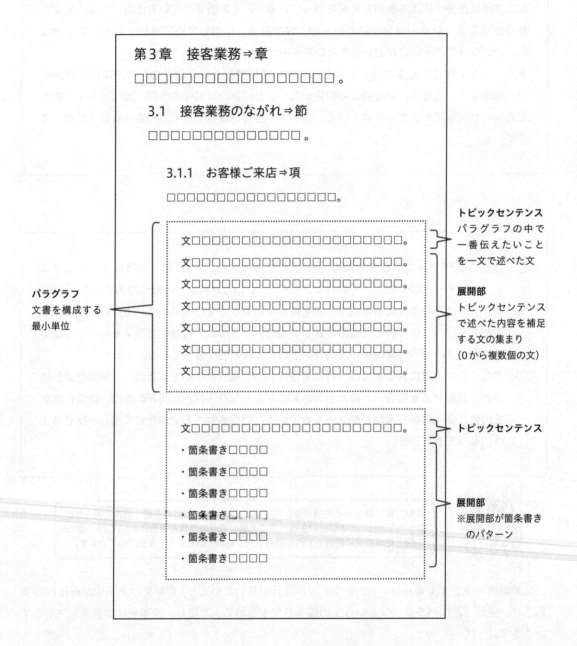

パラグラフ
文書を構成する
最小単位

トピックセンテンス
パラグラフの中で
一番伝えたいこと
を一文で述べた文

展開部
トピックセンテンス
で述べた内容を補足
する文の集まり
（0から複数個の文）

トピックセンテンス

展開部
※展開部が箇条書き
　のパターン

トピックセンテンス

トピックセンテンスはパラグラフの冒頭に置き、その中で一番伝えたいことを記述します。トピックセンテンスには、主に以下の3つの役割があります。

- 概要を説明する
- 目的を示す
- 導入する

役割に応じて、トピックセンテンスの一文を短くまとめます。

例：

・概要を説明する

パラグラフで説明する内容の要点を記述します。

　　　　　：トピックセンテンス

「モバイル通信社」の調査では、「iPhone」が一番人気のあるスマートフォンに選ばれました。調査結果によると、全体の70％が「iPhone」を使用しています。二番目の「Androidスマートフォン」と比べると、40％の差があることになります。このような結果になった理由を分析すると・・・・・・

・目的を示す

パラグラフが何のために書かれているのか、目的を記述します。

「道案内アプリ」で使用する「ナビ機能」について説明します。「ナビ機能」とは、自分の現在地を、地図上に表示させる機能です。目的地を入力すると、現在地から目的地までの道順が、地図上に表示されます。「ナビ機能」は・・・・・・

・導入する

展開部の内容へスムーズに入れるように、繋ぎの文を記述します。

利用者が「iPhone」を選んだ理由を、以下に示します。
1. デザインがよい
2. 使いたいアプリが入っている
3. 基本料金が安い

トピックセンテンスの明確化

分かりやすい文章は、トピックセンテンスが明確になっています。

パラグラフの先頭で全体の概要を示すことによって、その後に書かれた展開部の内容の理解が進むためです。なお、トピックセンテンスはパラグラフで伝える主題を総括する文のため、長い文ではなく、一文で、かつ短い文で簡潔に書きます。

文章を執筆したら、トピックセンテンスが明確になっているか確認しましょう。たとえば、P.111の③のパラグラフを構成している文章の中で、書き手が一番言いたいことは何でしょうか？

③　また、シニア層に入るまでは、特に男性においては会社という縦社会への帰属意識が強いが、退職などを契機に、縦社会との関係がなくなり、新たな同好の仲間、地域社会などの横社会への参加意識が高まってきている。<u>男性も女性も地域社会に関心を寄せるようになってきている。</u>

ここでは「男性も女性も地域社会に関心を寄せるようになってきている」という文が、主題（一番言いたいこと）ですね。

③　また、<u>男性も女性も地域社会に関心を寄せるようになってきている。</u>シニア層に入るまでは、特に男性においては会社という縦社会への帰属意識が強いが、退職などを契機に、縦社会との関係がなくなり、新たな同好の仲間、地域社会などの横社会への参加意識が高まってきている。

一番言いたいことをパラグラフの最初に書くことによって、続く文章が何に関連しているのか、一目で分かるようになります。読み手に重要なメッセージを伝えるためにも、トピックセンテンスは、先頭に書きましょう。

では、次の文章を読んでみてください。文章には5つの要素が入っています。5つの要素の中で、書き手が一番言いたいことは何でしょうか。

---

　①製品開発だけでなく、経理・人事・マーケティングなど、それぞれの業務には専門性がある。②企業ではこれら専門知識を動員し、協力しながら仕事を進めていく必要がある。③しかし、この知識は、個人の頭の中だけにあって他人が利用できない暗黙知であることが多い。④経営のスピードアップを図るには、暗黙知を形式知化し、組織的に管理する必要がある。⑤当社では、このような問題意識から、ナレッジマネジメント手法の導入に踏み切った。

---

⑤の「当社では、〜ナレッジマネジメント手法の導入に踏み切った。」という一文が主題（一番言いたいこと）です。したがって、この部分がトピックセンテンスとなり、パラグラフの最初に移動させます。

---

　⑤当社では、以下に示すような問題意識から、ナレッジマネジメント手法の導入に踏み切った。
　①製品開発だけでなく、経理・人事・マーケティングなど、それぞれの業務には専門性がある。②企業ではこれら専門知識を動員し、協力しながら仕事を進めていく必要がある。③しかし、この知識は、個人の頭の中だけにあって他人が利用できない暗黙知であることが多い。④経営のスピードアップを図るには、暗黙知を形式知化し、組織的に管理する必要がある。

トピックセンテンスで全体を示し、それに沿って説明を展開していけば、読み手の頭の中に作られたメンタルモデル（無意識のうちに抱く思い込みや価値観）を裏切らずに情報を伝達することができます。

展開部

　展開部では、トピックセンテンスの内容を展開し、より詳しく説明します。展開部を書くときは、トピックセンテンスとの関係を意識して書くことが大切です。展開部のポイントは以下のとおりです。

・展開部は、トピックセンテンスで述べた内容を詳しく説明する文の集まり
・展開部の各文は、論理的に並べる
　－重要なものから順に並べる
　－総論から各論へ並べる
　－時間順に並べる
　－空間順に並べる

「空間順」とは、左から右、上から下、中央から外側など、1つの論理的順序で並べます。製品の部品や画面のメニューを説明するときによく適用されます。

❌ Before

新システム《Ver.11》に移行せずに旧システム《Ver.10》を使い続けることは、以下の問題点があります。　　　　トピックセンテンス

1. ベンダーの24時間のサポートが受けられない
2. 新しいOSやハードウェアに対応できない
3. セキュリティパッチが提供されない
　※セキュリティパッチが提供されないということは、セキュリティの脆弱性が見つかっても、対処できないということで危険です。　　　　展開部

新システム《Ver.11》に移行せずに旧システム《Ver.10》を使い続けることは、以下の問題点があります。 ── トピックセンテンス

1. セキュリティパッチが提供されない

　※セキュリティパッチが提供されないということは、セキュリティの脆弱性が見つかっても、対処できないということで危険です。

2. 新しいOSやハードウェアに対応できない

3. ベンダーの24時間サポートを受けられない

── 展開部

　この例は、展開部が箇条書きで書かれた文章です。箇条書きの場合は項目の並びが、文の場合は文の並びが論理的になるようにします。

読む側にとって一番重要と考えられる情報から並べることで、トピックセンテンスの内容をより具体的に補足できます。また、トピックセンテンスに関連づけて展開されるため、後に続く情報も受け入れやすくなりますよ。

ワンポイント　　**パラグラフの一貫性**

　パラグラフでもっとも重要なことは、「1つのパラグラフには1つの主題に関することだけを書く」ということです。トピックセンテンスの話題の範囲を逸脱し、異なる話題の文が紛れ込んでしまうと、読み手の意識が主題から離れて、途中まで理解していた内容が途切れてしまいます。そのため、主題から外れたことを書く場合は、別のパラグラフで述べるようにしましょう。そうすれば、パラグラフ内で一貫性を保つことができます。

❸ 重要な情報の明確化

　続いて、1つの文の中の構造を確認していきましょう。次の6つの例を読んでみてください。修飾関係は図のようになっています。どのように書いても意味は同じですが、どの文が分かりやすいでしょうか。

---

① 田中君がライターで人差し指をやけどした。
② 田中君が人差し指をライターでやけどした。
③ ライターで田中君が人差し指をやけどした。
④ ライターで人差し指を田中君がやけどした。
⑤ 人差し指を田中君がライターでやけどした。
⑥ 人差し指をライターで田中君がやけどした。

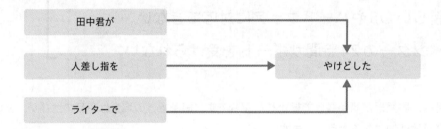

　いくつかの語句を並べるときは、「重要な情報」・「大切な事柄」・「大きな状況」から順に並べると分かりやすい文になります。この例の場合、一番重要な情報は「田中君が」やけどをしたということです。したがって、「田中君が」を最初に書きます。次に重要な情報は、「どの部分に」やけどをしたのか、ということです。つまり、「人差し指を」を次に書きます。

　そのため、ここでは「田中君が」「人差し指を」の順になっている②がもっとも分かりやすい文になっています。「何で（どうして）」やけどをしたのかが大切な事柄である場合においては、①も分かりやすいと言えます。

○ ① 田中君がライターで人差し指をやけどした。
◎ ② 田中君が人差し指をライターでやけどした。
　 ③ ライターで田中君が人差し指をやけどした。
　 ④ ライターで人差し指を田中君がやけどした。
　 ⑤ 人差し指を田中君がライターでやけどした。
　 ⑥ 人差し指をライターで田中君がやけどした。

田中君が＋人差し指を＋ライターで＋やけどした。

次の例を読んでみてください。修飾関係は図のようになっています。「重要な情報」・「大切な事柄」・「大きな状況」から順に並べるときは、どのように直すとよいでしょうか。

❌ Before

種子島の上空に国産のロケットが小さな点となり消えた。

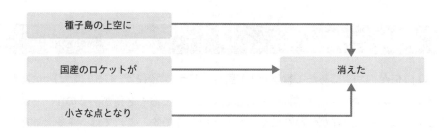

ここでは、「国産のロケットが」が一番重要な情報ですから、最初に書くと分かりやすい文になります。

◎ After

国産のロケットが種子島の上空に小さな点となり消えた。

複数の情報を含む文を書いたときは、重要な情報から順に並んでいるかどうか、読み直してみるとよいですね。

2 読みやすい文章を書く

業務マニュアルは、さまざまな利用者が読むうえ、参照する時間は限られています。短い時間や業務の間でも、さっと読んだだけで内容が理解できる文章にすることが大切です。

① 主語と述語を対応させる

「誰が（は）」「何が（は）」にあたる言葉が「主語」、「どうした（どうする・何だ）」にあたる言葉が「述語」です。日本語に限らずどの言語にも共通して注意しておく必要があるのが、主語と述語が正しく対応していないと、意味が伝わりにくくなるという点です。ここでは、主語と述語の対応がとれていない例を見てみましょう。

❌ Before

主語
このシステムの特長は、CBPテクノロジーにより、業務効率化を
述語
実現します。

読んでみて、おかしな感じはしませんでしたか。それは、「このシステムの特長は、」と書いた場合、「〜（すること）です。」と書かなければならないのに、このシステムの特長は「実現します。」となっているためです。このように、主語と述語が対応していない、すなわち、主語と述語のねじれが起きると、読み手に混乱を与えてしまいます。

主語と述語の対応がおかしいと思ったときは、主語と述語だけを読んでみて、正しい対応がとれているか確認してみましょう。

「特長は（主語）、〜実現します（述語）。」では、主語と述語が正しく対応していないので、読んだときに不自然に感じる日本語になってしまっていますね。

⊙ After

主語
このシステムの特長は、CBPテクノロジーにより、業務効率化を
述語
実現することです。 ♥

> もし述語を「〜実現します。」と書きたいなら、
> 主語を「このシステムは、」にするとよいですよ。

　文章が長くなり、主語と述語の位置が離れてしまうほど、主語と述語の「ねじれ」が起きやすくなります。文章を書いたら、主語と述語があっているかを必ず確認しましょう。また、ねじれを防ぐためには、主語と述語を近づけて書くこともポイントです。

🐾 ワンポイント　目的語、補語を明確にする

　文章の要素には、主語と述語のほか、「目的語」や「補語」などもあります。目的語は、「〜を」「〜に」の部分にあたり、動詞（「走る」「行く」など）の目的を表します。補語は、述語に意味を加えていく言葉です。次の例を見てみてください。

❌ Before

最近はパソコンやスマートフォンのアクセスログから分析し、その結果を企業がマーケティングに活用する動きがでてきています。これにより小売業が質の高いサービスを提供できるようになってきました。

目的語や補語を明確にしてみます。言葉を補うことで、ずいぶん分かりやすい文章になります。

⊙ After

目的語
最近はパソコンやスマートフォンのアクセスログから 消費者行動 を分析し、その結果を企業がマーケティングに活用する動きがでてきています。これにより小売業が質の高いサービス
補語
を 顧客に 提供できるようになってきました。

> 基本的には、主語は必ず書きましょう。主語、目的語、補語などが明確に記述されている文は「構造が完全な文」と言われます。ただし、マニュアルの操作説明で「ユーザー」が主語にあたる場合など、誰もが主語を推測できるときは、省略されているものもあります。

❷ 能動態と受動態を使い分ける

　動作を行うものを主語として「〜する」「〜した」と表現する文は「能動態」、「れる」「られる」と表現する文は「受動態」です。文中で、能動態と受動態が適切に使い分けられていないと、読みにくい文になってしまいます。ここでは、能動態と受動態が適切に使い分けられていない例を見てみましょう。

❌ Before1

「システムメニュー」画面の［顧客情報登録］ボタンをクリックすると、「顧客情報登録」画面を表示します。

「クリックすると」は「人の動作」、「画面を表示します」は「機器の動作」です。1つの文中に2つの視点（人と機器）が出てきているため、違和感があります。

◎ After1

「システムメニュー」画面の［顧客情報登録］ボタンを

人の動作 クリックすると、「顧客情報登録」画面が **機器の動作** 表示されます。

動作の主体となるものを「人」に絞ることで、能動態を使うポイントも1つ（「クリックすると」）にでき、読みやすい文に改善できましたね。

　次の例も見てみましょう。

❌ Before2

「顧客情報」を入力し、［登録］ボタンをクリックすると、顧客情報が登録します。

After2

「顧客情報」を入力し、［登録］ボタンを【人の動作】クリックすると、顧客情報が【機器の動作】登録されます。

マニュアルでよく見られる「操作手順」などの文では、「人間の操作は能動態」、操作結果としての「機器の動作は受動態」で書くようにすると、視点を統一することができますよ。

ワンポイント　能動態の特徴

　マニュアルに限らず、ビジネス文書の目的は「読む側に行動してもらう」ことです。読む側に行動してもらうためには、「明快に言い切る文」を書かなければなりません。能動態を使うと、意味が明確になり、力強い表現にすることができます。次の3つの文を読んでみてください。どれも受動態で書かれた文です。

✖ Before

①この本では戦争の原因が論じられている。

②担当者から注文票が受け渡された。

③この城は徳川家康により建てられた。

上の文を能動態にすると、次のようになります。

◉ After

①この本は戦争の原因を論じている。

②担当者が注文票を受け渡した。

③徳川家康はこの城を建てた。

受動態の文は、言いたいことをあいまいにし、読む側を説得する力強さに欠ける場合もあります。能動態になると、主語や意味が明確になり、力強い表現の文になります。読む側を動かすことを意識するときは、「れる」「られる」を用いないようにするのがおすすめです。

❸ 一文一義で書く

　一文一義とは、「1つの文では1つのことしか書かない」という原則です。次の例を読んでみましょう。

❌ Before1

ユーザーごとに利用できる権限を設定しており、一般ユーザーは「顧客情報」を修正・削除できませんので、管理者ユーザーに修正を依頼してください。

1つの文（「。（句点）」までのまとまり）に、複数の情報が記述されていますね。情報が次から次に出てくるため、読む側は混乱してしまいます。

◎ After1

ユーザーごとに利用できる権限を設定しています。

一般ユーザーは「顧客情報」を修正・削除できません。

一般ユーザーは管理者ユーザーに「顧客情報」の修正を依頼してください。

この文章は、3つの情報に分けることができます。一文一義となるように書くことで、情報が整理され、伝えたいことが分かりやすくなりました。

1つの文に複数の内容が記述されている場合の、別の例（ここでは会議での報告書）も見てみましょう。

❌ Before2

原因は、特許創出の推進組織が図と同様な形態で、各部門の推進係が件数目標の達成を重視しすぎている点であるが、評価できる点は推進係の任期が長く、経験が蓄積されており、活動の仕組みが定着していることが挙げられる。

⊙ After2

この原因は、特許創出の推進組織が図と同様な形態である こと 、各部門の推進係が件数目標の達成を重視しすぎている こと の2つである。

一方、評価できる点は、推進係の任期が長く、経験が蓄積されている こと 、活動の仕組みが定着している こと の2つである。

この文章の場合、「原因は、○○と○○の2つである」という文と「評価できる点は○○と○○の2つである」という2文に分けることで原則に沿った書き方に直しています。

🐾 ワンポイント

1文の適切な文字数は?

　日本語の特性として、文の最後まで読まないと全体の意味を把握できないという点があります。長い修飾語や複雑な構文は文章を長くする要因となり、読者の理解の妨げとなります。1文の長さは、40字〜50字にすると読みやすくなると言われており、50字以上になる文章は分割して短くします。長い文を分けるときは、主語と述語の対応が正しくなるように注意します（P.120）。

❹ 「し」「して」を多用しない

「〜し、〜する」「〜して、〜する」の表現を使うと、文が長くなって、分かりにくくなってしまいます。「し」「して」を使った分かりにくい例を見てみましょう。

❌ Before1

Dataフォルダをクリックして、ファイルを選択し、[出力] メニューから [CSV出力] を選択します。

◎ After1

1. Dataフォルダをクリックします。

2. ファイルを選択します。

3. [出力] メニューから [CSV出力] を選択します。

「し」「して」のところで文を分けると、一文を短くできます。ここでは、手順番号をつけて読みやすくしています。

🐾 ワンポイント

接続助詞は避けて接続詞を使う

接続助詞（「おり」「ので」「が」「し」など）を使って、複数の内容が含まれる文を書いてしまうことがよくあります。しかし、マニュアルをはじめ、ビジネス文書では、1つの文で伝える内容は1つにするよう心がけましょう（P.124）。文を短くすると文の構造が単純になり、読み手に文の内容を明確に伝えることができます。順接、逆接、理由などの意味を加えたい場合は、接続助詞ではなく、接続詞を使います。接続詞を使わなくても文の関係が明確な場合は、接続詞は使いません。

主な接続詞：

順接「だから」「したがって」「すると」など

逆接「しかし」「しかしながら」「ところが」など

理由「なぜなら」「その理由は」など

「し」「して」（動詞の連用形）を使って文を繋げるとさまざまな解釈が成り立ってしまいます。読む側は、文の前半と後半の関係を考えながら読まなければならなくなるので、誤解の原因となります。このような場合は、文を分けて書くとよいでしょう。次の例を見てみましょう。

⊗ Before2

[Shift] キーを押して、[Ctrl] キーを押す。

◉ After2-A

動作の推移

[Shift] キーを 押してから、 [Ctrl] キーを押す。

◉ After2-B

並列

[Shift] キーを 押したまま、 [Ctrl] キーを押す。

Before2 では、一見すると文が短くまとまっているようにも思えますが、いろいろな解釈が成り立ってしまうので誤解を招いてしまう場合もあります。解釈に迷わないよう、適切な表現に書き換えることで、意味が伝わりやすくなりますね。

🐾 ワンポイント

「し」「して」の表現による解釈

一般的に、「し」「して」は以下に示す5通りの解釈ができます。

● 動作・作用の推移・連続 ：結んで、開いて、手を打って、…。

● 並列 ：〜を入力して、〜キーを押す。

● 原因・理由 ：雨降って、地固まる。

● 方法・手段 ：〜を使って、…する。

● 逆接 ：知っていて、知らないふりをする。

❺ 句読点を正しく使う

句読点が適切に使われていないと、文が分かりにくくなります。読点（、）が正しく使われていない例を見てみましょう。

✕ Before1

光の三原色は赤、緑、青です。

必要な箇所に読点がないため、文が詰まって、読みにくい文になってしまいます。

◎ After1

光の三原色は、赤、緑、青です。
並列する語句の区切りを明確に

「光の三原色は」（主語）の後ろで読点（、）を打つことで文の意味がはっきりし、分かりやすくなります。

✕ Before2

5m、10mまたは20mのケーブルが必要です。

◎ After2

5m、10m、または20mのケーブルが必要です。
並列する語句の区切りを明確に

上の2つの例のように、2つ以上の語句を並列して記述する場合は、区切りを明確にするために読点（、）を打ちましょう。

また、修飾語の係り受けをはっきりさせるときや、長い修飾語が2つ以上あるとき、読点（、）を打ちます。

❌ **Before3**

高度な専門知識が求められる自動車業界に精通したシステムエンジニア

⭕ **After3**

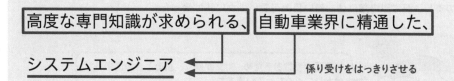

上の「Before3」では修飾語が長いため、一度読んだだけでは分かりにくい文章になっています。「高度な専門知識が求められる」と「自動車業界に精通した」の後ろで読点（、）を打つことで係り受けの関係がはっきりし、文全体が分かりやすくなります。

🐾 ワンポイント　句読点の統一

　読点には「、（点）」「，（コンマ）」、句点には「。（丸）」「．（ピリオド）」があります。通常、「、」と「。」、または「，」と「．」の組み合わせで使用します。マニュアルでは、「，」と「．」が使われることも少なくありません。利用者（読み手）として、一般のユーザーや顧客が想定される文書では、「、」と「。」を使用しましょう。

> 一般的な句読点の組み合わせ：
>
> 「、」と「。」（点と丸）
>
> 「，」と「．」（コンマとピリオド）

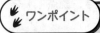

読点の三原則

　読点は、1つの文の中で、区切りを明らかにするために打つものです。しかし、どのようなときに「、（点）」を打つのかについては明確な規則はありません。ここでは、読点を打つときのポイントを3つに分けて紹介します。

①長い修飾語が2つ以上あるとき、その間に打つ

　長い修飾語が2つ以上あるときは、その間に「、」を打つと、文の意味がはっきりします。

❌ Before1

3階建ての美しい西洋風の館に住む青い目の可愛い少女に私は会った。

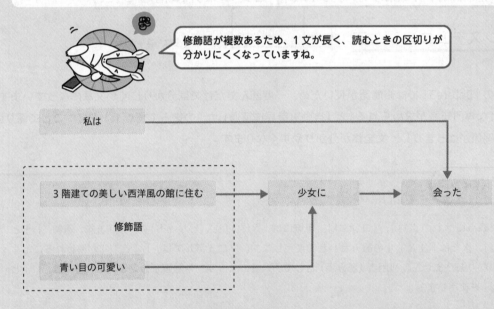

修飾語が複数あるため、1文が長く、読むときの区切りが分かりにくくなっていますね。

　上の文には「少女に」を修飾する言葉が2つあることが分かります。「3階建ての美しい西洋風の館に住む」と「青い目の可愛い」という修飾語です。この修飾語の間に「、」を打ってみましょう。

◎ After1

3階建ての美しい西洋風の館に住む、青い目の可愛い少女に私は会った。

修飾語と修飾語の間に「、」を打つことで文の区切りが分かりやすくなります。修飾語とは、「どんな」「どのように」「何を」「どこで」などほかの言葉の内容を詳しく説明する語のことです。主語、述語以外の部分が修飾語と言えます。

②語順を変えるときに打つ

主語を述語を近づけるため、語順を変えるときに「、」を打つと、文が分かりやすくなります。

❌ Before2

明日は多分大雪になるのではないかと私は思った。

◎ After2

私は、明日は多分大雪になるのではないかと思った。

明日は多分大雪になるのではないかと

私は	→	思った

主語「私は」の後ろで「、」を打つことで、より分かりやすい表現にできます。

③係る言葉と受ける言葉が不明確なときに打つ

係る言葉と受ける言葉が不明確なときに、適切な箇所に「、」を打つと、文の意味が明確になります。

❌ Before3

私は急いで学校に出かけた娘を追いかけた。

◎ After3

①私は、急いで学校に出かけた娘を追いかけた。（急いでいたのは「娘」）

②私は急いで、学校に出かけた娘を追いかけた。（急いでいたのは「私」）

Before3 では、急いでいたのが「娘」なのか、それとも「私」なのか、2 つの解釈ができてしまい、分かりにくいですね。「、」を打つ箇所によって、急いでいたのが誰かがはっきりします。

❻ 助詞を正しく使う①（「は」「が」）

「は」の使い方

　「は」は主語を表すときに使う助詞です。次の例を見てみてください。

---

①　鳥は空を飛ぶ、しかし、犬は空を飛ばない。

②　売上は大きいが利益は少ない。

③　数学は苦手です。（しかし、英語は得意です。が隠れている？）

④　Javaは簡単だ。（しかし、C++は難しい。が隠れている？）

　主語を表す際に用いる「は」ですが、文脈によっては、③や④のような意味を読み手に与えてしまうことがあります。これは、書き手が意識していなくても、「は」のもつ「2つのものを取り出して対比する機能」が働くためです。このように、「は」は文脈によって書き手が意図していないメッセージを読み手に伝えてしまうことがあります。

🐾 ワンポイント　　1つの文に3つ以上の「は」を使わない

　「は」の数は、多くなると分かりにくい文になります。次の文章を読んでみてください。

❌ Before

・私は学生時代は週末には本は読まなかった。

　1つの文の中で同じ語句を繰り返したり、同じ助詞を何回も使ったりすると、分かりやすさの問題だけでなく、幼稚な文章になってしまいます。

◎ After

・私は学生時代は週末に本を読まなかった。

・私は学生時代の週末には本を読まなかった。

「は」の使用を見直すことで、分かりやすい文にすることができましたね。

「が」の使い方

次に「が」の使い方について詳しく見てみましょう。次の例を読んでみてください。

Prime Minister has arrived.

・首相はどうした？ 「首相は到着しました。」

・誰が到着したんだ？ 「首相が到着したんです。」

・何かニュースはないのか？ 「首相が到着しました。」

英語で「Prime Minister has arrived.」と書けば「首相が到着した」あるいは「首相は到着した」という意味になります。日本語の場合、「首相はどうしたんだ」という質問に対する返事は「首相が到着した」となります。英語の場合は、どちらも同じ表現になりますが、日本語では「が」と「は」を使い分けることが特徴です。

「が」は、初めて現れる情報、初出の情報を示します。一方で、「は」はすでに分かっている情報、既出の情報を示します。

・何が咲いていたのか？ 「桜が咲いていた。」

　　　　　　　　　　　　　　 初出の情報 ＋ 既出の情報

・桜がどうしたって？ 「桜は咲いていた。」

　　　　　　　　　　　　　　 既出の情報 ＋ 初出の情報

👏 ワンポイント　助詞の種類

助詞は、言葉と言葉の関係を表したり、いろいろな意味を副（そ）えたりする働きがあります。助詞の種類には「格助詞」「接続助詞」「副助詞」「終助詞」の4種類に分けられます。

助詞の種類	例
格助詞	「が、の、を、に、から」など
接続助詞	「と、ても（でも）、が、のに」など
副助詞	「は、も、こそ、さえ、でも」など
終助詞	「や、よ、わ、こと」など

では、例をもう1つ読んでみてください。

---

① 顧客との約束を守ることは信頼構築に繋がる。

    既出の情報 ＋ 初出の情報

    顧客との約束を守るとどうなるの？
    顧客との約束を守る目的は何なの？
    顧客との約束を守るのはなぜなの？

---

② 顧客との約束を守ることが信頼構築に繋がる。

    初出の情報 ＋ 既出の情報

    信頼構築には何をすればいいの？
    信頼構築の方法は何なの？
    信頼構築は可能なの？

---

 ①の文では「は」が使われています。文脈の中に、3つの質問に代表される内容が読み取れるため、書き手は「は」を使っています。一方、②の文では「が」が使われています。文脈の中に、3つの質問に代表される内容が読み取れるため、書き手は「が」を使っているのですね。

読み手が混乱しないよう、文脈にあわせた使い分けも大切です。

ワンポイント 「が」で文を繋げない

　「が」は文と文を繋ぐ便利な役割をもつ助詞です。しかし通常は、「が」は食い違う事柄に移行するときに使われる助詞で、「が」の後の文は反対の結果を表します（接続助詞の逆接の意味をもつ「が」）。そのため、「が」で文を繋げると、読み手は後に続く文では反対の事柄を説明すると思ってしまう場合もあるため注意しましょう。前の文とは反対の事柄を説明する場合は「が」の使用を抑え、「しかし」「けれども」「ところが」など文と文の論理関係を明確にする接続詞を使う必要があります。

「が」で文を繋げた分かりにくい例：
① ユーザーは3GBのメモリ領域を使用できますが、詳細は付録Aを参照してください。
② 私は入社2年目であるが、今はJavaでプログラムを作成している。
③ ネットワークを担当する部であるが、最近はセキュリティ面にも力を入れている。

動作の主体をはっきりさせる「が」

　業務マニュアルでは、「誰が」やる業務なのか、行為や動作の主体をはっきりさせることが重要です。次の例を見てみましょう。

⊗ Before

> 経理部長は申請書を承認する。

◉ After

> 経理部長が申請書を承認する。

　行為や動作の主体を示す場合は「が」を使用します。「は」を使用するのは、AイコールBを示す場合です。文脈にあわせて、正しく使い分けましょう。

「は」と「が」の使い分け：
「AがBである」（行為や動作の主体を示す）
「AはBである」（AイコールB）

🐾 **ワンポイント**　**格助詞「が」と副助詞「は」の違い**

　「は」と「が」の使い分けで迷ったときは、格助詞か　副助詞かという違いに着目して考えます。以下のポイントを参考にしてください。

●「格助詞」：主に体言（名詞・代名詞）につく
　「が、の、を、に、へ、と、から、より、で、や」
　例：書記がノートパソコンを用意する。（動作の主体）

●「副助詞」：さまざまな語について、意味を副（そ）えるもの
　「は、も、こそ、さえ、しか、ばかり、だけ、ほど、くらい、など、きり、なり、やら、ずつ、でも、か、まで、とか」
　例：このノートパソコンは軽い。（ほかと比較してどうかを示す）

❼「そして」「さらに」「また」で文を繋げない

「そして」「さらに」「また」は、よく使う接続詞（文と文を繋げる言葉）ですが、使いすぎると文が長くなり、分かりにくくなります。次の例を読んでみてください。

❌ Before

新製品の情報をまだ発表されておらず、そして、先方に確認したところ検討中とのことで、さらに、価格確定をいつまでにするか、また、名称をどうするかも決まっていないとの回答でした。

> 文が終わらず、ずっと続いていて読みにくいですね。どこかで文を分けられそうなところはないでしょうか。

文を区切り、適切な接続詞で繋げてみた例を見てみましょう。

◎ After

新製品の情報はまだ発表されていません。したがって、状況を確認するために先方に問い合わせたところ、検討中との回答を得ました。具体的な検討内容は、価格や名称とのことです。

> 適切な接続詞を使うことで、文が一気に読みやすくなりました。「短い文に区切る」「適切な接続詞を使う」ことは分かりやすい文章を作成するときの基本となるので覚えておくとよいでしょう。

　なお、接続詞を使う際は、文と文の論理的な関係を明確にする接続詞だけを使うようにしましょう。数学の証明問題を解くときに使う接続詞を思い出してみてください。「しかし」「ゆえに」「なぜならば」などを使うことにより、読み手を論理的に説得できます。マニュアルでは論理性を大切にすることが重要です。

❽ 同じ意味の語句を繰り返さない

　同じ意味を持つ単語や、必要以上の表現を重ねて使うと、文章が冗長になります。あわせて、文を書くときは、回りくどい表現を避け、簡潔な表現になるよう意識しましょう。

　ここでは、同じ意味の語句が繰り返し使われている例を見てみましょう。

✖ Before1

> データを印刷するときは、専用の帳票用紙に印刷します。

◉ After1

「印刷する」を繰り返さない

> データを印刷するときは、専用の帳票用紙を使います。

Before1 では、「印刷」という言葉が前の文と後ろの文の両方に出てきています。
文末の表現を変更することで、語句の重複を回避できました。

✖ Before2

> 装置の構成は、A部、B部、およびC部から成る。

◉ After2

「構成」を削除

装置は、A部、B部、およびC部から成る。

Before2 では、「構成」と「成る」いう言葉が、どちらも成り立ちを意味しているので、繰り返して使うと不適切です。
不要な部分から同じ意味の語句を削除することで、短く読みやすい文にできました。

❌ Before3

各パソコンごとにソフトウェアをインストールします。

◉ After3

「各」と同じ意味のため、「ごと」を削除

各パソコンにソフトウェアをインストールします。

一見気づきにくいですが、「各」と「〜ごと」は同じ意味のため、どちらかは削除したいですね。
文末の表現を変更することで、語句の重複を回避できました。

✍ ワンポイント ｜ **語句の重複に気づきにくい例**

- まず第一に　→　第一に
- まだ未完成です　→　未完成です
- だけに限る　→　限る
- 詳細については　→　詳細は
- 大別すると2つに分けられる　→　2つに大別できる、大別すると2つになる

口語調、特に話し言葉をそのまま文にしようとすると起こりがちな間違いです。文に書いたときは、必ず読み直し、語句の重複がないか確認するとよいでしょう。

　同じ意味をもつ言葉を「重複語」、また重複語が用いられた表現を「重複表現（二重表現）」と言います。文が長く、回りくどくなると読み手の理解を遅らせてしまうことにも繋がるため、重複する語句はなくしましょう。次のページで、重複語をなくした例について紹介しています。

✖ Before4

…補足説明を追加する…

…同様に皆が同じミスを…

…たとえば忘れ物がその一例です…

…心の葛藤…

…皆、一緒に協力し合い…

…最終結論を…

…再度、繰り返して…

赤で囲んだ語が意味が重複しているところです。話し言葉の感覚でつい書いてしまいがちのため気をつけたい表現です。

◉ After4

…補足説明する…

…皆が同じミスを…

…たとえば忘れ物などです…

…葛藤…

…皆、協力し合い…

…結論を…

…繰り返して…

　Before4の「補足説明を追加する」では、「補足」に「つけ足し補うこと」という意味があるため、「追加する」と重複しています。この場合、簡潔に「補足説明する」とするのがよいです。そのほかにもよくある重複の例を示しています。書いた文章を推敲し、重複している語句がないか注意を払いながら文章を書くようにしましょう。

助詞の繰り返しの例

　同じ意味の語句を繰り返してしまうほか、助詞を繰り返してしまうパターンもあります。次の例を読んでみてください。

⊗ Before

> 公園で皆で大きな声で騒いだ。

> 助詞「で」が繰り返されることで、幼稚な文になってしまします。

上の文では「で」という助詞が3つ出てきます。改善された例を読んでみましょう。

◎ After

> 公園で皆と一緒に大きな声を出して騒いだ。

　「で」をほかの表現に変えることで、より意味が分かりやすくなりました。ほかにも、「…の…の…の…の」のように助詞「の」も多用しがちです。一文では、「の」は2つに留めることで、読みやすくできます。助詞が繰り返し出てくるときは、留意してみましょう。

動詞の繰り返しの例

　助詞だけでなく、動詞や文末でも知らず知らずにうちに、同じ語句を繰り返している場合があります。書いた文を推敲し、繰り返しの表現がないか気をつけましょう。

- ● …と思った。…と思った。…と思う。…のように思われる。…
- ● …であると考える。…だと考えた。…だと考える。…

❾ 動作名詞に「行う」をつけない

　動作名詞とは、「学習」「メモ」「ドライブ」「旅行」「起床」など、それ自体は名詞として用いられる一方、「する」をつけると「学習する」「メモする」「ドライブする」のように動詞形として用いられるものを言います。動作名詞には「行う」をつけないで、「〜する」と簡潔に表現します。

　ここでは、動作名詞に「行う」をつけられている例を見てみましょう。

❌ Before1

　パソコンの初期化を行います。

◎ After1

　パソコンを初期化します。

❌ Before2

　伝票の印刷を行います。

◎ After2

　伝票を印刷します。

動作名詞である「初期化」や「印刷」に「する」をつけると、文が短くなり、読みやすくなります。

プログラミングを行った

提案を行う

管理を行う

入力を行う

レビューを実施する

プログラミングした

提案する

管理する

入力する

レビューする

業務マニュアルには複数の処理・作業がまとめられています。「初期化」「入力」「印刷」など、動作名詞が多く出てくるため、簡潔な表現になっているか、しっかり確認しましょう。

🐾 ワンポイント

簡潔にすべき表現

動作名詞＋「行う」のほか、次のような表現は冗長なため、簡潔にします。

● 設定することができます　→　設定できます
● 当社としては　→　当社は
● 集計するようにする　→　集計する
● しかしながら　→　しかし
● その結果として　→　その結果

❿ 理解しやすい箇条書きにする

第4章（P.74）で紹介したとおり、複数の項目を並べて書くときは箇条書きを使います。次の例を読んでみてください。

---

① 翻訳チームはマニュアルやWebサイト、教材、eラーニングを翻訳している。

---

② 翻訳チームは以下を翻訳している。
　　・マニュアル
　　・Webサイト
　　・教材
　　・eラーニング

---

①と②の文を比較すると、明らかに②のほうが読みやすく、分かりやすいでしょう。項目が独立している箇条書きは、読み手が全体を見通せるというメリットがあります。

また、読み手にだけでなく、書き手にとっても利点があります。それは、文章構成を考える必要がないため、「手軽に書ける」「項目の追加や修正などがかんたん」という点です。これらのメリットをより引き出すための箇条書きの書き方を知ると、文章全体がさらに読みやすくなるでしょう。

実際にマニュアルを作成していくときに箇条書きを用いる場合は、階層と行頭文字のルール（P.74〜75）を決めましょう。

では、理解しやすい箇条書きにするためのポイントを見ていきましょう。気をつけるべき点は6つあります。

(1) 項目は簡潔な表現にする

個々の項目は短くし、早く読めるように簡潔に書くことが大切です。

(2) 句点は使わず、書き方を統一する

箇条書きでは、表記や表現を統一することが重要です。なお、箇条書きでは通常、句点「。（丸）」は使いません。

レポートを下記のように提出してください。

・提出の期限：3月31日までに必ず提出願います。

・提出する部署と担当：人材開発室の佐藤さんまでお願いします。

・提出する部数：3部提出願います。

◎ After1

レポートの提出方法は以下のとおりです。

・期　　限：3月31日必着

・提出先：人材開発室　佐藤宛

・部　　数：3部

「表現を簡潔に」そして「句点を使わず書き方を統一」することで、
同じ箇条書きでも読みやすさが変わってきます。

（3）項目の数を多くしない

　全体像を早く掴んでもらうことが重要なので、箇条書きの項目は6つ程度に抑えます。

（4）項目間に包含関係をもたせない

　同じレベルの語句、文を並べます。

❌ Before2

・総務部

・調達課

・流通事業本部

・営業支援チーム

⊙ After2

・総務部

・経理部

・営業部

・情報システム部

Before2 では、せっかく並べて書いても、「本部」「部」「課」「チーム」というレベルの異なる項目が並んでいるため、分かりにくくなっています。同じレベルの語句を並べることで、箇条書きに統一性をもたせることができます。

(5) 箇条書きで並べる内容に応じて行頭文字を選ぶ

箇条書きを用いるときには、各項目の先頭に記号や番号を書きます。

並べる順序に意味をもたせない	「・(中点)」「－(ハイフン)」「※(コメ印)」など
並べる順序に意味をもたせる	「①」「(1)」「A」「ア」など

(6) 箇条書きの前にトピックセンテンスを書く

マニュアルでは箇条書きは有効な書き方ですが、箇条書きはあくまで主題を補足するものです。箇条書きの前にトピックセンテンスを書くことで、箇条書きの項目が何かを読み手にいち早く理解させることができます。

✕ Before3

1.　新商品の特徴

　・簡単に操作できる新メニューの開発

　・誰でも手軽に持ち運べる超スリム版の提供

　・MTBF (平均故障間隔) 10年の実現

トピックセンテンスがないため、読み手は箇条書きの項目をすべて読んでからでないと、何をまとめているかを掴むことができません。

5
章

業務マニュアルの作成

1. 新商品の特徴

トピックセンテンス

新商品は、操作性・可搬性・信頼性に優れている。

- 簡単に操作できる新メニューの開発
- 誰でも手軽に持ち運べる超スリム版の提供
- MTBF（平均故障間隔）10年の実現

トピックセンテンスで主題が示されているので、箇条書きを読むことでさらに理解が深まる文になりました。

⑪ 「〜について」「〜という」を使わない

　業務マニュアル作成の大原則は簡潔に書くことです。「〜について」や「〜という」はよく使われる表現ですが、文章上で使うと冗長になってしまいます。文章を簡潔にするために「〜について」や「〜という」はなるべく避けるようにします。ここでは、それぞれの表現の言い換え方を紹介します。

「〜について」を「〜は」「〜を」に変える

❌ Before1

OSの機能について学習した。

幹部社員承認については…

目標については…

⊙ After1

OSの機能を学習した。

幹部社員承認は…

目標は…

「〜について」を「〜は」「〜を」に修正することで、
簡潔な表現になりましたね。

「〜という」を使わない

⊗ Before2

改善できないという結果になった。

意見がまとまらないということだった。

理解できていないということは…

「申請取消」というボタンをクリックします。

⊙ After2

改善できなかった。

意見がまとまらなかった。

理解できていないのは…

「申請取消」ボタンをクリックします。

3 誤解されないような文章を書く

誤解した内容を覚えて業務を行った結果、後で大きなトラブルに繋がる恐れもあります。業務マニュアルでは、読みやすさのほか、誤解を与えない表現にすることも大切です。

❶ 複数の意味に解釈できる文

何気なく書いている文をよく読んでみると、複数の意味に解釈できることがあります。次の文は、どのような意味だと思いますか？

> 新システムは、旧システムのようにシステムダウンしない。

次の3通りの解釈ができ、それぞれの意味を的確に伝えるためには、言葉を補足する必要があります。

(1) 新システムは高信頼、旧システムは低信頼

→新システムは、旧システム とは違い、 システムダウン しない。

(2) 新システム、旧システムともに高信頼

→新システムは、旧システムと 同様に システムダウン しない。

(3) 新システム、旧システムともに低信頼。新システムのほうが若干、信頼度は高い

→新システムは、旧システム ほどには システムダウン しない。

次の例を読んでみてください。どちらの文も否定文で、2通りの解釈ができます。

①支払いがすべて終わっていない。
②とても親孝行だとは言えない。

①は「支払いが終わっていない。」または「終わっていない支払いがある。」の2つの意味、②は「到底、親孝行とは言えない。」「大変な親孝行とは言えない。」の2つの意味で読むことができます。

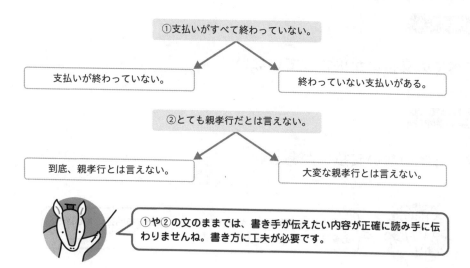

①支払いがすべて終わっていない。

支払いが終わっていない。　　　　　終わっていない支払いがある。

②とても親孝行だとは言えない。

到底、親孝行とは言えない。　　　　　大変な親孝行とは言えない。

①や②の文のままでは、書き手が伝えたい内容が正確に読み手に伝わりませんね。書き方に工夫が必要です。

このように解釈が分かれるのは、①の「すべて」や②の「とても」がどの言葉を修飾しているか不明確だからです。

ワンポイント

形容詞と副詞

「形容詞」や「副詞」は物事の性質や状態を表す語です。形容詞が名詞を修飾する機能を持つのに対し、副詞は、名詞以外の動詞や形容詞を修飾します。

● 「形容詞」：名詞を修飾する
「美しい、賢い、悲しい、赤い、深い、遠い、古い、太い、明るい」など
例：明るい道を歩く。

● 「副詞」：名詞以外の動詞や形容詞を修飾
「ゆっくり、しばらく、はっきりと、ずいぶん、かなり、とても」など
例：ずいぶん遠い所から来た。

否定文で形容詞や副詞を用いる場合は、修飾先が不明確になりがちのため、どちらの意味なのかが分かるように表現する必要があります。また、②の「とても」のような語句は「到底」と「大変な」と異なる意味をもつので、誤解を避けるため、使わないようにしましょう。

❌ Before1

支払いがすべて終わっていない。

◉ After1-A

すべての支払いが終わっていない。

◉ After1-B

終わっていない支払いがある。

否定文で形容詞や副詞を用いる場合は、修飾先を明確にするほか、必要に応じて文を書き換える必要があります。

❌ Before2

とても親孝行だとは言えない。

◉ After2-A

到底、親孝行とは言えない。

◉ After2-B

大変な親孝行とは言えない。

業務マニュアルでは肯定文を使い、否定文は使わないほうが望ましいですが、どうしても否定文で書かなければならない場合は、解釈が分かれてしまわないように気をつけましょう。

例をもう1つ見てみましょう。

❌ Before3

テレビに出たのは、あの古いアパートに住む女性です。

「あの」がどの部分を示しているのか、読む人によって、いくつか解釈が分かれてしまいそうです。

この例では、「あの」という語が何を修飾しているのかが不明確なため、「あの」が「女性」を修飾している場合と、「あの」が「古いアパート」を修飾している場合の2通りの解釈ができる文になっています。

解釈が分かれてしまわないように、修飾する語と修飾される語を近づけて、解釈が1通りになるようにしましょう。なお、修飾語と被修飾語の位置を近づけることについては、P.154でも詳しく解説しています。

⊙ After3-A

テレビに出たのは、古いアパートに住んでいる あの 女性です。

⊙ After3-B

テレビに出た女性は、あの 古いアパートに住んでいます。

「あの」がどの部分を示しているか、該当の語に近づけると分かりやすくなりますね。

🐾 ワンポイント 　肯定的な表現にする

ビジネス文書全般ではもちろんのこと、業務マニュアルでも「肯定文」で記述することが基本となります。業務マニュアルが業務の標準になるため、手順やするべきこと、守ることを優先して習得してもらう必要があるためです。「〜してはいけない」のように禁止事項がある場合は、箇条書きにしたり、枠などで囲んで追加したりするなど、本文と区別できるように工夫するとよいでしょう。

❷ 意味が限定されている語句を使う

　次の例を読んでみてください。読み手によって、解釈が異なる可能性のある語句を使うと、文が不明確になります。

⊗ Before

> ① このシャツは私に<u>ぴったり</u>だ。
>
> ② プロであればもっと<u>アピール</u>しなければいけない。
>
> ③ 「事業を黒字化できるのか？」<u>これ</u>はよく聞くことであるが、<u>それ</u>には時間がかかる。

　①の「ぴったり」は、「サイズ」のことか「似合っている」ことか解釈が分かれます。②の「アピール」でも「魅力的な」という意味で使っているのか、それとも「抗議する」という意味なのか判然としません。また、③の「これ」「それ」「あれ」などの「こそあど言葉」も読み手によって解釈は異なることがあります。

　改善例を見てみましょう。

◉ After

> ① このシャツは私の体に ちょうど合う大きさ だ。
>
> ② プロであればもっと 異議を申し立て なければいけない。
>
> ③ 「事業を黒字化できるのか？」との 質問 をよく耳にする。しかし、 達成する には時間がかかる。

　形容詞、副詞、カタカナ語、こそあど言葉は解釈が異なる場合があるため、業務マニュアルではできるだけ使わないようにしましょう。代わりに、形容詞や副詞を具体的に書いたり、数値や例を使ったりして説明しましょう。カタカナ語は、固有名詞か専門用語以外は適切な日本語に置き換えます。こそあど言葉は、文中の「これ」「それ」「あれ」などが、何を指しているのか、具体的な語句を使って書くようにします。

　書き終わったら文章を推敲し、意味が限定されている語句を使えているかどうかをチェックしましょう。

次の例を読んでみてください。2つの文の違いは何でしょうか？

---

①会社に戻って、メールを見て、昼食を取った。

②会社に戻り、メールを見、昼食を取った。

---

①は「て」で接続した場合、②は「、」で接続した場合の文です。それぞれの場合で、文の意味が異なってきます。

「て」は文全体を一体化し、「、」は文は分離する働きがあります。

具体的には、①の「て」で接続した文は、メールを見たのも、昼食を取ったのも、会社の中だったと説明している文になります。一方、②の「、」で接続した文は、個々を別の場所で実行した、または、実行した可能性を想像させる文になります。ほかの例も見てみましょう。

---

③家に帰って、風呂に入って、夕飯を食べた。

④家に帰り、風呂に入り、夕飯を食べた。

⑤家に帰って風呂に入り、夕飯を食べた。

---

③は「お風呂に入ったのも、夕飯を食べたのも家」、④は「家に帰り、違う所でお風呂に入り、また違う所で夕飯を食べた」、⑤は「家でお風呂に入り、その後どこか違う所で夕飯を食べた」ということが想像できる文になります。

---

⑥渋谷に行って、友達に会って、食事をした。

⑦渋谷に行き、友達に会い、食事をした。

⑧渋谷に行って友達に会い、食事をした。

---

⑥は「友達に会ったのも、食事をしたのも渋谷」、⑦は「渋谷に行き、違う所で友達に会い、また違う所で食事をした」、⑧は「渋谷で友達に会い、その後どこか違う所で夕飯を食べた」ということが想像できる文になります。「て」と「、」での接続の違いは、普段あまり意識していない事柄かもしれません。文を繋ぐときは、それぞれの働きによって使い分けながら、自分の意図した内容が正しく伝わるようにしましょう。

❹ 修飾語と被修飾語を近くに置く

　修飾語と被修飾語の位置が適切でないと、意味が分かりにくくなることがあります。修飾語の位置が不適切な例を見てみましょう。

❌ Before1

> 新しい資産管理ソフトウェアの更新データは、来週配付される。

「新しい」のは「資産管理ソフトウェア」でしょうか。「更新データ」のほうでしょうか。

◎ After1

> 資産管理ソフトウェアの 新しい 更新データは、来週配付される。
> 　　　　　　　　　　　　修飾する語の直前に置く

伝えたい情報を正しく読んでもらうことができます。

🐾 **ワンポイント** 　**修飾語と被修飾語**

　「修飾語」とは「どんな」「どのように」「何を」「どこで」などほかの言葉を詳しく説明する語のことです。一方、修飾語によって詳しく説明された言葉が「被修飾語」です。

　　　どんな　　　　　どこに
　青い 花 が、 公園 に 咲いた。
　修飾語　　　　修飾語
　　　　被修飾語　　　　　被修飾語

1つの言葉が1つの言葉を修飾する場合（例：青い花）だけでなく、複数の言葉が1つの言葉を修飾する場合（例：美しい青い花）もありますよ。

修飾語と被修飾語の位置が不適切だと、意味が変わってしまうことがあります。修飾語と被修飾語の位置を近づけることで、修飾関係が明確になり、情報を誤解なく伝えることができます。

❌ Before2

システムは自動的に起動するとメッセージを表示する。

◉ After2

システムは起動すると 自動的に メッセージを表示する。

修飾する語の直前に置く

> Before2 では、「自動的に」がどの部分を修飾しているか分かりにくいため、読み手にシステムの挙動を誤って伝えてしまう可能性があります。
> 被修飾語の直前に修飾語を置くことで、意味が伝わりやすくなりますね。

ワンポイント　係る言葉と受ける言葉を近づける

　日本語の文は動詞が最後に書かれるという特徴があります。英語の文などは、動詞が主語の後に書かれるため、誰が何をしたかがすぐに分かります。しかし、動詞が最後に書かれる日本語の文では、最後まで文を読まなければ何をしたのかが分かりません。次の例を見てみましょう。

❌ Before

私は美しい館に住む青い目の少女に会った。

◉ After

美しい館に住む青い目の少女に、私は会った。

主語と述語を近づける

　「私は」という主語を最初に配置すると、「会った」という動詞までの距離が遠くなってしまい、最後まで文を読まなければ結果が分かりません。そのため、係る言葉（この場合は「私」）と受ける言葉（この場合は「会った」）を近づけることで、分かりやすい文にすることができます。「私は少女に会った。その少女は青い目をしており、美しい館に住んでいた。」と文を分けて書き換えることも可能です。

❺ 長い修飾部は前に置く

　複数の修飾語が1つの被修飾語に係っている場合、修飾部の位置によって分かりやすくなったり、分かりにくくなったりします。なお、一文節の場合は修飾語、二文節以上の場合は修飾部と言います。修飾部の位置が不適切な例を見てみましょう。

❌ Before1

> 画期的な初心者でも迷わず使えるインターフェース技術を採用した。

　複数の修飾語が入っていますが、並びのせいで意味が分かりにくくなっていますね。

◎ After1

> 長い修飾部を前に移動
> 初心者でも迷わず使える 画期的な インターフェース技術を採用した。

　「初心者でも迷わず使える」という長い修飾部を前に配置すると、読みやすくなり、意味がはっきりします。

　原則として、長い修飾部を前に置き、短い修飾部（修飾語）を後に置くと分かりやすくなります。続けてほかの例もそれぞれ見てみましょう。

❌ Before2

> 確実にシステムを停止して電源を切りましょう。

◎ After2

> 長い修飾部を前に移動
> システムを停止して 確実に 電源を切りましょう。

⊗ Before3

新システムは帳票印刷に時間がかかるので短縮してほしいとの要望に対して考慮してある。

◎ After3

長い修飾部を前に移動

帳票印刷に時間がかかるので短縮してほしいとの要望に対して、新システムは考慮してある。

Before3ではさらに「読点の三原則」の「①長い修飾語が2つ以上あるとき、その間に打つ」（P.130）で文を区切り、より読みやすくしています。

🐾 ワンポイント　　**修飾する場合は「節」を先に、「句」を後に書く**

「節」は文に近い表現で、1個以上の述部を含んでいます。一方、述部を含まず節ではない語の並びを「句」と言います。日本語の特徴ですが、これらの節や句をどのように並べても、日本語として間違いではありません。しかし、分かりやすさには違いがあります。

次の例を見てみましょう。「画像編集ソフト」が「高性能」と言いたいのですが、①は句が先に書かれているため、「AI」が「高性能」と誤解される恐れがあります。節が先に書かれている②は、意味が正しく伝わりますね。たくさんの修飾語が並ぶと、分かりにくい原因となるため、できるだけ避けるとよいですが、どうしても修飾語を並べる必要があるときは、節と句の位置を意識して書くようにしましょう。

---

①高性能なAIが搭載されているプロ向けの画像編集ソフトを買った。
②AIが搭載されている高性能なプロ向けの画像編集ソフトを買った。

| 節 | AIが搭載されている |
| 句 | 高性能な |　画像編集ソフトを　買った
| 句 | プロ向けの |

修飾関係を明らかにすると分かりやすい文になりやすいです。
修飾語を並べるときは、位置にも気をつけるとよいですね。

157

なお、時を表す修飾語が含まれる場合は、長さに関係なく前に置きます。

❌ Before4

処理速度が2倍の先週発表されたCPU。

「先週発表された」という時を表す修飾語が、文の真ん中あたりに置かれているため読みにくいですね。

◎ After4

時を表す
先週発表された、処理速度が2倍のCPU。

時を表す修飾語は、長さに関係なく前に配置すると覚えておきましょう。

🐾 ワンポイント　修飾語の順番

　分かりやすく、誤解のない文とするために、修飾語の順番は重要です。日本語は語句の並べ方の自由度が高いという特徴がありますが、修飾語がつくと並べ方に工夫が必要になってきます。修飾語の順番に関する注意事項は、以下を参考にしてください。

1. 修飾、被修飾の関係にある言葉同士を直結させる

   （修飾語と被修飾語を近くに置く）

2. 修飾語の順序は、以下の方針とする

   ① 条件を先に

   ② 形容句を先に、形容詞を後に

   ③ 長い修飾語を先に、短い修飾語を後に

   ④ 大状況から小状況へ、重大なものから重大でないものへ

   ⑤ 言葉の親和性

❻ 二重否定は使わない

「～しないと～しない」「～しないわけではない」のように、1つの文に2つの否定表現が含まれることを、「二重否定」と呼びます。二重否定が使用されている文を見てみましょう。

⊗ Before1

> ［次へ］ボタンをクリックしないと、次の画面は表示されません。

「～しないと～されない」の二重否定の形です。できないことは何となく分かりますが、どのような操作をすればよいか一度読んだだけでは伝わりにくいです。

◉ After1-A

> ［次へ］ボタンをクリックすると、次の画面が表示されます。

◉ After1-B

> 次の画面を表示するには、［次へ］ボタンをクリックします。

2つ入っていた否定表現の両方が肯定形になりました。どちらのパターンも、するべき操作がはっきり分かる文になっていますね。

二重否定は、消極的に肯定する意味になったり、強く肯定する意味になったりします。業務マニュアルにはあいまいな表現は不適切なため、主に次の方法で書き換えるようにしましょう。

・二重否定の片方または両方を肯定にする

・断定的な表現に置き換える

続いて「二重否定の片方を肯定にする」「断定的な表現に置き換える」例を見てみましょう。

❌ Before2

転倒した場合、自力で体を動かせないことはないかもしれませんが、脳へ影響する可能性もあるため、転倒時の体勢を保持してください。

◉ After2

転倒した場合、自力で体を動かそうと <u>することは</u> ないかもしれませんが、脳へ影響する可能性もあるため、転倒時の体勢を保持してください。

（肯定）（否定）

❌ Before3

正しいデータが表示されない場合は、登録処理にエラーが発生したと考えられなくもないです。

◉ After3

正しいデータが表示されない場合は、登録処理にエラーが発生した 可能性があります。

✋ ワンポイント　否定文に注意

　業務マニュアルでは、否定文の使い方に注意が必要です。できるだけ肯定文で書くことが大前提ですが、「注意、禁止、制限事項」は否定文を使います。その際、全否定か部分否定かを明確に表現しましょう。また、「〜のように〜でない」の表現は、複数の意味で解釈できてしまう場合もあるため、使わないようにします。

❼ あいまいな表現は避ける

「かなり」「ある程度」「多少は」などのあいまいな表現が使われている例を見てみましょう。

❌ Before1

電源ボタンを数秒間押して、装置の電源をオフにします。

数秒とは「2〜3秒」か、それとも「10秒」くらいなのか、この書き方では読み手には分かりません。

◎ After1

数値で表現

電源ボタンを 5〜6秒間 押して、装置の電源をオフにします。

具体的な数値で書かれていると、読み手はそのとおりに実行しやすくなりますね。

❌ Before2

変更したユーザー情報がマスタに反映されるまでには、ある程度の時間がかかります。

◎ After2

数値で表現

変更したユーザー情報がマスタに反映されるまでには、約30分かかります。

Before2 の「ある程度の」はあいまいな表現ですね。
おおよその数値が判明するだけで、文自体がより具体的なものになります。

✕ Before3

新しいプロセッサは、高速なレスポンスを実現する。

「高速な」という言葉がここではあいまいな表現となって
しまっています。

◎ After3-A

数値で表現

新しいプロセッサによって、0.1秒以内 のレスポンスが可能とな

る。

◎ After3-B

指標を明示

新しいプロセッサによって、旧機種よりも高速な レスポンスが可

能となる。

数値のほか、指標を明示することでも、読み手の解釈を
1つに絞ることができますよ。

🐾 ワンポイント

数値などを使って具体的に表現する

数値化して具体的に表現する方法には、次のようなものがあります。

あいまいな表現	数値化
必要な部数	5部、10部
足りなくなったら	残り10枚になったら
目立つように	該当箇所を赤いマーカーで囲んで
多めに印刷して	指定部数＋予備3部印刷して

具体的に表現することで判断がしやすくなり、読む側に適切な行動
を促すことができます。

数値で表現できるものは、できるだけ数値で書きます。形容詞や副詞には、指標を入れることで、具体性をもたせるようにします。

　このほか、あいまいな表現には次のようなものもあります。

> ①この案が最善と思われる。
> ②計画どおりに進めるのがよいだろう。
> ③競争に勝ったも同然とみてよい。

　「～と思われる」など、断定しない書き方もあいまいな表現です。業務マニュアルでは、書き手が一番言いたいことを正確に読み手に伝え、読み手にそのとおり行動してもらうことが求められます。そのため、根拠を明示して断定した文に書き換える必要があります。

> ①この案が最善である。なぜならば…
> ②計画どおりに進めるのがよい。その理由は…
> ③競争に勝ったも同然である。なぜならば…

　「～である」などと断定し、その根拠、理由を明示する書き方にしましょう。

> 根拠を示して断定する文書は説得力をもちます。言いたいことをあいまいにせず、断定する文を書くようにしましょう。

🐾 ワンポイント
専門用語は最初に説明する

　初めて現れる専門用語や固有名詞、略語などは、説明しないと、読み手は意味が分からないまま文章を読み続けてしまいます。書き手のメッセージを理解できずに文章を読み終えてしまうことになるため、メッセージを正確に伝えるためにも専門用語は最初に説明するようにしましょう。

> 例1：教材で取り上げたLMX（Leader Member eXchange：上司が特定の部下との間に深い関係を構築する現象に着目した理論）は…

> 例2：教材で取り上げたLMX（注1）は…
> 注1　LMX（Leader Member eXchange）：上司が特定の部下との間に深い関係を構築する現象に着目した理論

❽ 助詞を正しく使う②（「より」「から」「で」）

助詞が正しく使われていないと意味が正確に伝わりません。ここでは、業務マニュアルでよく見られる「より」「から」「で」が適切に使われていない例を見てみましょう。

❌ Before1

設定に必要な値を端末より入力します。

◎ After1

設定に必要な値を端末から入力します。

話し言葉でもよく使われていますが、「より」を起点の意味で使ってしまうと誤解を招いてしまう場合があります。起点を示すときには「から」を使うのが正しいです。

❌ Before2

本パッチは、2024年4月1日より配付される予定です。

◎ After2

本パッチは、2024年4月1日から配付される予定です。

「より」「から」は以下の点に留意して使います。

・「より」は「比較」で使う。時や値などの起点を示すのには使わない
・「から」は時、場所、値などの「起点」を示すときに使う

「より」は「AよりBが速い」のように、比較を表す場合に用います。「より」「から」をしっかり使い分けることで、誤解されない文にできます。

⊗ Before3

バックアップユーティリティでデータを復元します。

◉ After3

バックアップユーティリティ を使って データを復元します。

手段を意味する「で」を「〜を使って」に書き換えることで、情報を的確に伝えることができます。

「で」は以下の点に留意して使いますが、ほかにより的確な表現がないかも検討しましょう。

・「で」は原因、手段、動作の起こる場所などを示すときに使う

ワンポイント 「ので」「から」の使い分け

接続助詞の「ので」「から」はどちらも原因や理由を示しますが、背後にある根拠が異なります。

①暑いので水を飲む。（誰もが暑い）
②暑いから水を飲む。（私が暑い）

①の文は「誰もが暑い」と客観的な根拠によって水を飲む、という意味になり、②の文は「私が暑い」を主観的な根拠で水を飲む、という意味になります。「ので」は客観的な根拠を示し、「から」は主観的な根拠を示す働きがあるということです。

③寒いから雪が降るのだろう。（私が寒い）
④寒いので雪が降る。（だろう）

③のように、自分の意思や推測を表す文が後に続く場合は、主観的な根拠によって「自分が〜する」ことになるため「から」を使います。④は、客観的な根拠を示し、断定する文を書くときは「ので」を使うようにします。

「に」「へ」「まで」の使い分け

　「に」には動作・作用の及ぶ到着点を示し、「へ」は動作・作用が向かう方向を示し、「まで」は状態や動作が継続している過程を示します。すなわち、到着点を強く意識した表現が「に」、方向を示すのが「へ」、過程を示すのが「まで」になります。

　そのため、「大阪へ着いた」は誤った書き方で、正しくは「大阪に着いた」です。「目標へ達した」は、「目標に達した」と書きましょう。

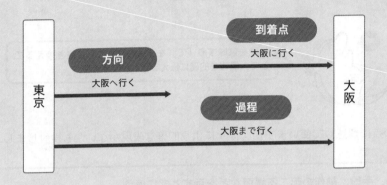

「に」「へ」「まで」の使い分けの例をいくつか見てみましょう。

目標に向かって努力する　→　到着点を重視

目標へ向かって努力する　→　進む方向を重視

目標（達成）まで努力する　→　過程を重視

遠くに球を投げる　→　到着点を重視

遠くへ球を投げる　→　進む方向を重視

遠くまで球を投げる　→　過程を重視

駅に重い荷物を運んだ　→　到着点を重視

駅へ重い荷物を運んだ　→　進む方向を重視

駅まで重い荷物を運んだ　→　過程を重視

「に」「へ」「まで」を使い分けることにより、文の意味が異なってきます。それぞれの意味を理解して使い分け、分かりやすい文を書くようにしましょう。

❾ 語句の併記

「または」「および」などの語句で併記を表すときは、言いたいことが正しく伝わるように注意が必要です。語句の併記が適切でない例を見てみましょう。

❌ Before

今回のシステムにはＡ機能またはＢ機能とＣ機能を加える。

加えられるのはどの機能なのか、読み手によって解釈が分かれてしまう文になっています。

⊙ After-A

今回のシステムには、Ａ機能を加える。 Ｂ機能とＣ機能は、どちらかを加える。

文を分ける

⊙ After-B

今回のシステムに加える機能は、以下のとおり。

・Ａ機能

・Ｂ機能またはＣ機能

箇条書きを使う

どちらの例を使っても、どの機能が加えられるのかが誤解なく伝わるようになりましたね。

1つの文に「と」と「または」の両方を使ってしまうと、並列関係、選択関係が分かりにくくなり、読み手によって解釈が分かれてしまいます。「文を分ける」「箇条書きを使う」ことによって、並列関係、選択関係を明確にします。

🐾 ワンポイント

語句を並べるとき

　語句の併記には「と」や「および」を使います。2つの語句を並べるときは「と」を、3つ以上の語句を並べるときは「、」で区切り、最後に「および」を使います。ただし、「など」をつけるときは「および」は省きましょう。

---

①今日は、JavaとC++を勉強した。
②出張旅費と交際費が申請対象です。
③氏名、従業員番号、事業所名、および職制コードを入力します。
④日本、米国、英国、および豪州が賛成した。
⑤PC、スマートフォン、タブレット端末などを持っています。

---

❿ 条件を示す表現

　条件を示すには「場合」「とき」を使います。これらの表現が適切に使われていない例を見てみましょう。

❌ Before1

この操作は、次のようなときに行います。

　　・パスワードを設定する場合

　　・パスワードを変更する場合

◉ After1

この操作は、次のような 場合 に行います。

　　・パスワードを設定する とき

　　・パスワードを変更する とき

Before1の例は、意識していないと見落としがちな誤りです。条件を示す表現「場合」と「とき」を、それぞれ適切に使う方法を知っておきましょう。

1つの文に条件が複数ある場合、大前提を「場合」、小前提を「とき」で表します。また、具体的な時刻や時間を示す場合は、漢字の「時」を使います。

用語	用途・属性	使用例・説明
とき	仮定条件	もし、プログラムが異常終了したときは、…
場合	仮定条件	この変数が負になった場合は、…
	複合条件	緊急の場合は、データ処理が実行中のときでも… （大前提を「場合」、小前提を「とき」）
時	時刻や時間	出荷された時、すべて初期値に設定されている。 （特定の時刻、時間を示す）

❌ Before2

電源ボタンを押しても起動しないとき、ケーブルが抜けている場合はケーブルを接続してから電源ボタンを押します。ケーブルが接続されている場合はケーブルを一度抜き差ししてから電源ボタンを押します。

◎ After2

電源ボタンを押しても起動しない場合、ケーブルが抜けているときはケーブルを接続してから電源ボタンを押します。ケーブルが接続されているときはケーブルを一度抜き差ししてから電源ボタンを押します。

大前提と小前提の関係を適切に表現すると、読む側の誤解を防ぐことができます。

⑪ 範囲の表現

　範囲を示す表現は、基点を含むか含まないかを理解して使い分ける必要があります。範囲、基点の表現の使い分けをまとめています。

用語	使い分けのポイント	例
以上、以下	基準点を含む	環境温度は、30℃以下で使用する。 （30℃はOK）
超える、未満	基準点を含まない	256台を超える機器は接続できない。 （256台は接続できる）
以後、以降	基準点を含む	午前0時以降は使用できない。 （午前0時は使えない）
以前、以内	基準点を含む	10日以内に発送する。 （10日目も含む）

5 以上（基準点を含む）

5 以下（基準点を含む）

5 を超える（基準点を含まない）

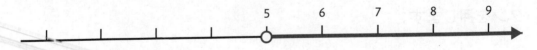

5 未満（基準点を含まない）

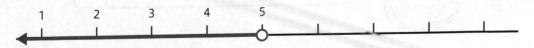

5 以後、5 以降（基準点を含む）

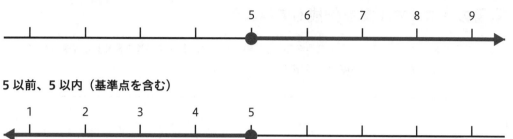

5 以前、5 以内（基準点を含む）

🐾 ワンポイント　　**注意が必要な範囲の表現**

　範囲を示す表現には、ほかにも注意が必要なものがあります。次のような場合は、別の表現に置き換えることをおすすめします。

❌ Before

・ほか

　本社 ほか、4つの 事業所で…

・その他

　本社 その他、4つの 事業所で…

・はじめ

　本社 はじめ、4つの 事業所で…

◎ After-A

本社 を含む5つの 事業所で…

◎ After-B

本社 と4つの 事業所で…

　紛らわしい言い方は避けて、誤解を与えないような表現に書き換えることが大切です。

業務のマニュアル文を作成してみよう

　次の業務例をもとに、「読みやすい文章を書く」「誤解されないような文章を書く」で解説したポイントを意識して、マニュアルを作成してみましょう。

例：
顧客からの電話応対
・目的・ターゲット・用途…新卒入社者用
・業務内容（電話を受ける）
　　　　□ 準備するものはメモ帳、筆記用具
　　　　□ なるべく3コール以内に応対
　　　　□ 通常の挨拶「お電話ありがとうございます。株式会社○○の□□でございます。」
　　　　　　3コール以上経ってから応対するとき「お待たせいたしました。株式会社○○の○○でございます。」
　　　　□ 相手が企業名や氏名を名乗った後は「いつもお世話になっております。」
　　　　□ 取次を依頼されたら「○○部の○○ですね。確認いたしますので少々お待ちください。」と言って保留ボタンを押す。担当者に相手の会社名・氏名を伝えて引き継ぐ
　　　　□ 担当者が不在の場合は、「担当者がかけ直す」「相手からかけ直してもらう」「伝言を承る」

解答例

---

1. 電話を受ける

■ 準備
電話を受ける際は、認識違いが起きないよう必ずメモを取ります。

■ 業務手順
① 電話がかかってきたら、3コール以内に応対

② 「お電話ありがとうございます。株式会社○○の□□でございます。」
　・3コール以上経ってから応対する場合
　「お待たせいたしました。株式会社○○の□□でございます。」

③ 基本的な応対の仕方
　・相手が企業名・氏名を名乗った後
　「いつもお世話になっております。」
　・取次を依頼された場合
　　(1)「○○部の○○ですね。確認いたしますので少々お待ちください。」
　　(2) 保留ボタンを押す
　　(3) 社内担当者へ内線で繋ぎ、企業名と氏名を伝える
　・担当者が不在の場合
　　　a) 自社担当者がかけ直すときは、相手の電話番号と希望の時間帯を確認
　　　b) 伝言を承るときは、「それではこちらから折り返しお電話いたします。△△様のお電話番号をお伺いしてもよろしいでしょうか。」

6章

業務マニュアルの運用
〜誰もがスムーズに使える仕組みを整えよう

最後はマニュアルの運用についてです。活用され
続けるマニュアルには、適切な運用・改訂が欠か
せません。設計の段階から意識しておく項目もあ
るのであわせて確認しましょう。

6-1 運用・改訂ルールを決める

運用後も活用され続けるマニュアルは、常に内容が最新の状態で、さがしたい情報がすぐに見つかるマニュアルです。業務マニュアルを最新に保つための運用・改訂ルールについて確認しましょう。

❶ 運用・改訂ルールの検討

　作成した業務マニュアルは、継続的に管理するため「運用」と「改訂」をセットで考える必要があります。マニュアルを最新の状態で活用していけるように、運用・改訂ルールを決めましょう。

　たとえば、「どの部門・誰が業務マニュアル運用の責任を持つか」「どのようなタイミングで改訂するか」「マニュアルに反映する情報をどのように収集するか」「改訂したマニュアルをどのように利用者に届けるか」などのルールをあらかじめ決めておいて、定期的にマニュアルを更新するサイクルを作っておくと、運用しやすくなります。

運用・管理の体制	運用・管理は誰が責任を持って行うか
改訂タイミング	改訂のタイミングはいつか
改訂情報の収集方法	反映する情報の収集をどのようにするか
改訂版の配信・配付方法	改訂マニュアルをどのように届けるか

業務マニュアルを常に最新状態に保ち、現場で利活用してもらうためにも、新規作成時に上記を決定しましょう。

マニュアル完成後、改訂版を作成するまでのながれはおおまかに次のとおりです。

マニュアル完成 ➡ 現場での実践 ➡ 改訂に向けて情報収集 ➡ 1回目の改訂版作り ➡ 改訂版の配信・配付

「現場での実践」の期間は、2～3か月間ほどが目安となります。情報収集は、担当者が決められた方法で行います。組織の実態に応じて「マニュアル活用報告会」を取り入れるのもよいでしょう。

❷ 運用・管理の体制

　作成した業務マニュアルの運用・管理をする体制を決めておきます。運用・管理の担当者には、マニュアルの発行や改訂などの権限があり、作成後放置されたり、また勝手に内容を追加・変更されたりするのを防ぐことに繋がります。権限を与えられた担当者は、管理台帳（マスタファイル）などをもとに管理を行います。責任の所在を明確に定めることで、基本的なサイクル（マニュアル作成→実践→発見→活用→改訂）を回しやすくなり、業務改善の第一歩にもなります。

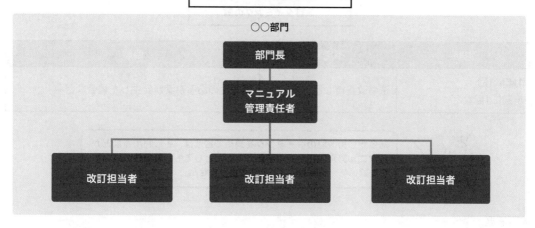

運用・管理の体制例

運用・管理の体制を構築し、責任者を決めることで、業務マニュアル完成後の運用や改訂をスムーズに行えるようになります。

6章　業務マニュアルの運用

ワンポイント

ファイルと履歴の管理

　組織によっては、部門やチームごとに業務マニュアルがさまざまであり、年々業務マニュアルや社内資料などが増えていくことも少なくありません。そのような場合、ナレッジシェアツールや社内ポータル、そのほかの文書管理システムなどでマニュアルを管理する方法があります。検索機能が備わっていることが多く、目的のマニュアルを迅速に見つけやすくなります。業務マニュアルを作成後、業務の実態に応じて改訂していく必要がありますが、システム上で管理することによって、改訂履歴の情報も記録・管理できます。運用・管理の担当者は、業務を円滑に進められるように、必要に応じてこのようなツールもうまく活用しながら、ファイルの履歴と管理をしっかりと行っていくことが大切です。

❸ 改訂タイミング

　改訂時期を明確にしておくことも、業務マニュアルを最新の状態で活用するために重要です。マニュアル改訂のタイミングには、「定期」または「不定期」の2つがあります。定期の場合は、たとえば半期に1回を基準とするなど、業務の実態に応じて設定するとよいでしょう。

　改訂のタイミングを利用者に共有しておくことで、利用者からの意見や提案（業務のより効率的なやり方やノウハウなどの気づき）の準備をしてもらいやすくなります。なお、緊急性のある事案が発生した場合は、「臨時」として配信・配付する対応も必要です。

改訂タイミングの例

定期	不定期	臨時
1年に1回 半期に1回など	法令改正時など	緊急性のある事案が発生した場合など

あらかじめ改訂のタイミングを決めておけば、もし利用者などからマニュアル内容変更の要請があったとしても、緊急性の高いものを除いて、都度対応する必要がありません。

改訂履歴

　業務マニュアルを改訂したら、いつ改訂されたのか、どこが、どのように改訂されたのかを「改訂履歴」として明記しておく必要があります。記載しておく事項は次のとおりです。

・版数（例：第4版）

・発行日

・改訂日

・改訂箇所（該当する章、ページ）

・改訂内容（改訂前との比較）

上記の内容をまとめて、マニュアルの表紙や扉、目次の後などに明記しておくのが一般的です。

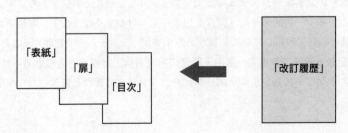

改訂履歴例

版数	発行日	改訂箇所	改訂内容
第1版	○年○月○日		初版発行
第2版	□年□月□日	P.58	第7章「○○」を追加
第3版	△年△月△日	・P.10 第2章 1-1 ・P.13 第2章 1-4	・システムのバージョンアップ方法の記述を追加 ・操作画面の差し替え

改訂箇所が多かったり、改訂内容に解説が必要であったりする場合は補足をします。改訂に至った背景や経緯を、改訂履歴の表の前に「改訂序文」として書いたり、簡潔な改訂理由を本文中に「改訂注」として書いたりする方法があります。

❹ 改訂情報の収集方法

改訂時に反映する情報をどのように収集するか、またどのように反映するかを検討します。たとえば、「改訂情報は完全に運用・管理担当だけで収集・反映する」方法や「利用者の声を集約して反映する」方法などが考えられます。また、それぞれの場合で収集した改訂（変更）事項を、どのように蓄積・集約するのかなどもルール化しておきます。

改訂情報の収集方法

運用・管理担当だけで 情報収集	利用者の声を集約

「利用者の声を集約して反映する」方法を取る場合は、その旨を事前に利用者に周知しておく必要がありますね。

6
章

業務マニュアルの運用

運用・管理担当だけで情報収集

　運用・管理担当だけで情報収集する場合は、改訂にあたって自らマニュアルを見直します。「日本語の正しさ（誤字・脱字や言い回し、表現など）」「読みやすさ、見やすさ」「業務内容・手順にヌケ・モレや追加、修正が必要な箇所がないか」などの細かい内容を気づいたときに蓄積しておくとよいでしょう。

　また、改訂に必要な知見や情報の収集には、利用者の業務を実際に観察したり、ヒアリングを実施したりする方法も検討します。

利用者の声を集約

　利用者の声を集約する場合は、マニュアルの活用報告会を実施したり、マニュアル改訂依頼書で申請してもらったり、アンケート調査をしたりする方法などが考えられます。

　活用報告会では、活用の過程で発見した気づき（より効率的なやり方やノウハウ）や、細かい修正点などを意見や提案として報告してもらいます。しかし、その場ですべての意見や提案を出し切れるとは限りません。そのようなときは、マニュアル改訂依頼書で意見や提案を取りまとめるようにすると、より具体的な情報として改訂内容を検討することができます。

　また、複数部門でマニュアルが利用されるなど、利用者の数が多いときは、寄せられる意見や提案が膨大な数になることも考えられます。主に次の分類に分けることで、内容を検討しましょう。

・修正	誤字・脱字、用語や言い回しなどの修正・変更
・削除	項目や内容の削除
・追加	手順、説明文、コツ・ポイントなどの追加
・新規	新しい項目や内容の追加・提案
・そのほか	気づいた点、要望、別テーマのマニュアルの提案など

 どのような方法であっても、「利用者の声を聞く」というのが、マニュアルを業務改善に役立てる際のポイントです。

　集約した利用者の意見や提案を、マニュアル運用・管理担当が重要度や優先順位をもとに、採用するかどうか判断します。意見や提案を不採用にすることもありますが、その場合は、理由を提案者にきちんと説明することが大切です。今後の改訂もスムーズに行えるように、連絡は怠らないようにしましょう。

改訂のルール

　利用者の意見や提案を取り入れることは重要ですが、さまざまな意見や提案が上がってきた場合、それらすべてに応えることは不可能です。意見や提案すべてをそのまま反映させると頻繁に業務内容や手順などが変わるうえ、「目的・ターゲット・用途」が当初の企画と合致しなくなってしまう恐れもあります。集めた情報をどのように業務マニュアルに反映させるか、ルールを決めて改訂作業を行いましょう。また、配信・配付したマニュアルが、利用者側で独自に改訂されていたという事態を防ぐためにも、誰が改訂を行うのかということも含めてルール化し、利用者に共有しておくことが大切です。

業務マニュアルは、業務の基準となるものです。基準が複数存在しては、現場が混乱してしまいます。「勝手に変更されていた」「勝手に作られていた」ということにならないよう、改訂のルールをしっかり定めておきましょう。

❺ 改訂版の配信・配付方法

　電子データの場合は最新データをどのように共有するか、紙冊子の場合は差し替えページをどのように配付するかなどをルール化しておきます。たとえば業務マニュアルを閲覧するシステムを導入することで、改訂内容をリアルタイムに提供し、利用者が常に最新版を参照できる環境を整備する方法もあります。場合によっては検討してみてもよいでしょう。なお、新旧マニュアルは共存してしまわないよう、配信・配付の順番に注意します。

新旧マニュアルの整理

　新しい改訂版マニュアルの配信・配付は、旧版マニュアルの配信・配付先から、旧版のマニュアルをすべて撤去（回収）した後に行います。「どれが改訂版（最新）のマニュアルか分からない」ということが起きないよう配慮しましょう。

　旧版マニュアルは、新版マニュアルと混在してしまわないように、マニュアル運用・管理の担当部門や担当者が責任をもって撤去（回収）し、確実に廃棄します。業務内容や手順のほか、組織で培ってきたノウハウがまとめられた業務マニュアルは、組織の知的財産です。流出してしまうことがないよう、最後まで取り扱いには気をつけましょう。

改訂版の配信・配付手順

手順1：改訂版（新）マニュアル作成

手順2：旧版マニュアルを現場から撤去（回収）

手順3：改訂版（新）マニュアルを配信・配付

手順4：旧版マニュアルを廃棄

規約などを活用して改訂する

執筆方針やデザイン方針を明文化した執筆規約書、レイアウト規約書やテンプレートは、マニュアル改訂時に必要になるものです。設計の段階から、運用を見越したルール作りを意識しましょう。

❶ 執筆規約書に従って改訂作業をする

第4章「業務マニュアルの設計②」（P.61）では、執筆や作成に関するルール（執筆規約）を作ることについて解説しました。作成したルールは明文化して「執筆規約書」としてまとめ、マニュアルの作成者同士だけでなく、マニュアルの管理責任者や改訂担当者などに執筆方針として共有し、改訂時の作業に役立てます。

執筆・作成ルールは、改訂時の負荷も考慮して最小限に

設計段階のアウトプット	
目次構成案	レイアウト規約書
執筆規約書	テンプレート

業務内容が大きく追加・変更される改訂作業が必要になった場合でも、執筆規約書をもとに作成・編集することで、もとのマニュアルから作成方針がずれることなく執筆できます。

ワンポイント　業務マニュアルのセキュリティ

企業などで文書を作成した場合、社内文書の扱いになります。文書が「機密文書」に相当する場合は、慎重に扱う必要があります。機密文書には、企業の秘密に関する文書、取引先企業から得た文書、個人情報が記載された文書などがあり、重要度によって「極秘文書」「秘文書」「社外秘文書」などのように分類されます。単なる業務内容や業務手順だけでなく、これまでの知見やノウハウを凝縮した業務マニュアルの情報が外部に流出してしまうと、企業や組織にとって大きな不利益になってしまう恐れもあります。そのため、業務マニュアルを運用するにあたり、取り扱いについてもルールを定めておくとよいでしょう。

❷テンプレートに従って改訂作業をする

　ページを構成する要素やレイアウトも同様に、「レイアウト規約書」としてまとめ、それをもとに「テンプレート（ひな形）」を作ることについて解説しました。これらのアウトプットも、改訂時の作業にとって必要なものです。

　新しいページを追加することになった場合でも、テンプレートに当てはめて作業を行えば、既存のページと同様の項目レベルで、体裁も同じものに仕上げることができます。何もない状態から考える必要もないので、作業負荷の軽減にも繋がります。

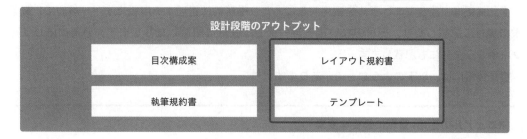

デザイン・テンプレートは、改訂時の作成や編集のしやすさも検討

設計段階のアウトプット

目次構成案	レイアウト規約書
執筆規約書	テンプレート

設計の段階から、改訂することを前提に各規約書やテンプレート（ひな形）を作成しておくことがポイントです。マニュアル作成に関するルールやテンプレートが定まっていれば、後の改訂作業が楽になります。

❸ 必要に応じて規約書などを更新する

　業務マニュアル本体と同様に、各規約書やテンプレートなども、作ったまま放置していてはやがて内容が古くなってしまい、最新の状態を維持することが難しくなってしまいます。そのため、必要に応じて執筆規約書やレイアウト規約書、テンプレートの更新も検討し、調整するとよいでしょう。

規約などを更新した場合は、担当者間での情報共有はもちろんのこと、ほかに関連する部門があるときは、忘れずに共有しておきましょう。

3 書誌情報を管理する

6

書誌情報を記載することで、業務マニュアルを継続的に管理できます。必要な情報を分かりやすい位置に入れることで、検索や参照がすばやくでき、マニュアルが活用されるポイントになります。

❶ 書誌情報を継続的に管理する

書誌情報は、業務マニュアルを運用するにあたり継続的に管理する情報です。一般的に、文書巻末の奥付に記載したり、奥付のない電子データでは表紙に記載したりします。必要に応じてヘッダーやフッターにも記載します。

書誌情報には、以下のようなものがあります。

マニュアルの運用・管理に必要な要素

・マニュアルタイトル

・所管部門

・発行年月日

・改訂年月日、版数

・セキュリティ情報 (「社外秘」「関係者外秘」など)

書誌情報例

社外秘

〇〇文書マニュアル

2022 年 11 月　初版
2023 年 5 月　　改訂第 1.1 版

株式会社〇〇　　営業部〇〇課

書誌情報は、資料を識別するための情報です。業務マニュアルの種類や版数が増えてきたとき、閲覧したいマニュアルをさがすためには、正確な書誌情報が必要となります。

❷ ヘッダーとフッターに入れる情報

　ヘッダー、フッターを活用して、マニュアルの検索性を高めることもできます。一般的に、ヘッダーにはマニュアルにおける位置情報（章タイトル、節タイトルなど）を、フッターにはページ番号や書誌情報を入れます。マニュアルを開きながら見たい箇所をさがしたり、目次とページ番号をリンクさせて該当ページをすばやくさがしたりできます。

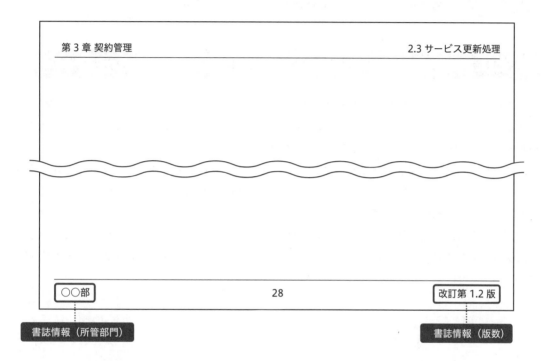

書誌情報（所管部門）　　　　　　　　　　　　　　　　　　書誌情報（版数）

ヘッダーとフッターについては、第 4 章のワンポイント「ヘッダーとフッター」（P.95）でも解説しています。

🐾 **ワンポイント**　　**業務マニュアルの検索性**

　業務マニュアルの利用シーンは大きく分けて 2 つあります。1 つ目は「業務を覚える」ときです。最初に業務を覚えるときは、マニュアルを見ながら業務の内容や手順について学びます。2 つ目は業務を覚えた後、その業務が正しく実行できているか「確認する」ときです。特に 2 つ目のシーンでは、最初のページから順番に読んでいくのではなく、確認したい情報が載っているページをさがすことが想定されます。利用シーンや場面を想定し、マニュアル内を検索したり、参照したりしやすい設計にしておくことも、活用されるマニュアルにするためには必要な要素だと言えます。

6
章

業務マニュアルの運用

6 4 使われる仕組みを考える

マニュアル完成は活用の「スタート地点」です。ただ配信・配付するだけでは、いずれは使われなくなってしまいます。マニュアルが使われる仕組みを構築することが、運用段階における大事なポイントです。

❶ マニュアル提供時に利用シーンや使い方を具体的に示す

　マニュアルの整備で一番重要なポイントは、マニュアルの完成は「ゴール」ではなく「スタート」であると言うことです。マニュアルを作ること自体がかなり重労働なため、完成がゴールだと思いがちですが、実際はマニュアルができたところがスタート地点になります。

　スタートから先は、作成者だけではなく、マニュアル利用者も巻き込んで、マニュアルを活用し、成長させていかなくてはいけません。マニュアル完成をゴールにしてしまうと、「マニュアルを作ったので後は関係者で適宜使ってください」と、利用者任せになってしまいます。作成者は、マニュアルの計画段階で目的やターゲット、用途を明確にしました。それをもとに、「こういうときに使ってください」や「このように使ってください」と、利用者へ具体的に伝えることが大切です。

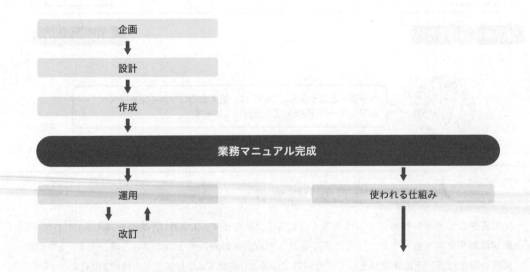

業務マニュアルは「作って終わり」ではありません。運用段階では、作成者と利用者が一緒になって、マニュアルを活用していくことが重要です。

❷ 業務で使わずにはいられない仕組みを構築する

「使われるマニュアル」にするための施策に、「マニュアルが使われる仕組みを考える」ことが挙げられます。必ずしも正解は1つだとは限らないので、組織の制度や状況などにあわせて、使われる仕組みを考えてみてください。以下で、活用を促すための仕組み例をいくつか紹介します。仕組みを構築すれば、業務で使わずにはいられないため、自ずとマニュアルの使用率は上がるでしょう。

社内告知を徹底する

マニュアルを作成したら、公開（配信・配付）するだけでなく、社内で告知することが必要です。社内での告知の仕方は、組織の実態に応じてさまざまな方法がありますが、社内報やポータルサイト、各種会議などを利用して周知しましょう。

人材育成（導入教育、OJTなど）に組み込む

企業の部署やチーム内の新入社員、新たにその業務を担当するメンバーに業務を教える際、業務マニュアルを必ず使うように定めることで、効率よく導入教育を行えます。新入社員は研修を受ける前に、マニュアルを読んで予習することができます。教える側はマニュアルに記載されている内容に沿って教えていけばよいので、業務に関する必要最低限のことを、モレなく伝えることができ安心です。教えてもらったことはマニュアルにメモとして記入し、テキスト（教本）のように活用すれば、新入社員にとっては復習にもなるでしょう。また、教える側が+αで話した業務に関する知見があれば、現場からの活用情報として、次回のマニュアル改訂にも役立たせることができます。

人事制度や業務改善活動と連動させる

評価基準に「マニュアルどおりに○○ができる」という項目を設けることで活用の度合いを向上させることができます。また、マニュアル導入とあわせて、業務改善活動を推進することも効果的です。現場からの気づき（より効率的なやり方やノウハウ）を吸収し、更新や改訂に役立てれば、現場との相乗効果も狙えます。

定期的に改訂する

マニュアルに記載されている方法が古い内容のままであれば、いくら読みやすいマニュアルでもいずれは使われなくなってしまいます。組織内で担当部門・担当者、改訂時期や改訂方法など決めて、定期的に改訂版のマニュアル作成が行える体制やルーチンを構築しておきます。

活用され続ける業務マニュアルを作成することで、チーム全員で仕事のやり方をよりよく変えていきましょう。

マニュアル改訂の対応をしてみよう

　次の内容は、とある業務マニュアルの改訂履歴や書誌情報を書くためにまとめた情報です。この情報を使って、目次の後ろに掲載する改訂履歴を作成してみましょう。

■改訂内容
・第1版
　　　　　・2023年3月20日発行（初版）
・第2版
　　　　　・2023年9月18日発行
　　　　　・第2章 P.34：初回起動時の PIN 設定方法の手順を修正
　　　　　・第6章 P.78：「全体の注意点」について追記
・第3版
　　　　　・2024年1月15日発行
　　　　　・第1章 P.12〜13：システム操作画面の画像差し替え

■マニュアルタイトル　　システム操作マニュアル
■所管部門　　　　　　　総務部情報システムグループ
■発行（改訂）年月日　　2024年1月15日
■セキュリティ情報　　　社外秘

解答例

改訂履歴

版数	発行日	改訂箇所	改訂内容
第1版	2023年3月20日		初版発行
第2版	2023年9月18日	・第2章P.34 ・第6章P.78	・初回起動時のPIN設定方法の手順を修正 ・「全体の注意点」について追記
第3版	2024年1月15日	第1章P.12〜13	システム操作画面の画像差し替え

業務マニュアルを作成するときに必要な作業項目として、本書で紹介したものを一覧にしています。作業時には、ヌケ・モレがないかチェックしながら進めましょう。

チェックリスト

業務マニュアル作成時に確認する項目

工程	作業項目
企画	☐ 目的・ターゲット・用途を明確にし、5W1Hで整理 ☐ 公開方法の決定 ☐ 要件（メンバー・関係者、期間、予算、作成ツール）の確認 ☐ 企画書の作成
設計	☐ 業務マニュアルに掲載する情報の収集・整理 ☐ 目次の範囲、切り口、並べ方の検討 ☐ 見出しの作成 ☐ 目次構成案の作成 ☐ 詳細スケジュール案の作成
設計	☐ 業務マニュアルの構成要素と階層の検討 ☐ 表記ルールの検討 ☐ 文字・記号ルールの検討 ☐ セキュリティ情報、書誌情報の確認 ☐ 執筆規約書の作成
設計	☐ レイアウトに必要な構成要素の抽出と定型化 ☐ レイアウトデザインの検討 ☐ レイアウト規約書の作成 ☐ ひな形（テンプレート）の作成 ☐ レビュー用チェックリストの準備
作成	☐ 目次構成案の確認 ☐ 執筆規約書の確認 ☐ テンプレートの確認 ☐ 理解しやすい文書構造の確認 ☐ 文章の読みやすさ・分かりやすさの確認 ☐ 文体、表記など統一の確認
レビュー	☐ 自己レビュー ☐ 相互レビュー ☐ 集合レビュー（必要に応じて）
運用	☐ 運用・管理の体制の決定 ☐ 改訂タイミングの検討 ☐ 改訂情報の収集方法の検討 ☐ 改訂版の配信・配付方法の検討 ☐ 運用・改訂ルールの作成 ☐ 執筆規約書、レイアウト規約書、テンプレートの更新（必要に応じて） ☐ 書誌情報の記入 ☐ 業務マニュアル活用の仕組みの検討、導入

※チェックリストはPDFデータとしてダウンロードできます。ダウンロード方法は、P.6を参照してください。

索引

おわりに

　最後までご覧いただき、ありがとうございました。本書では、業務マニュアルの企画をはじめ、執筆規約やレイアウト規約、テンプレートなどの設計、誰が読んでも理解できる文章作成のテクニック、そして業務マニュアル完成後の運用と改訂などについてご紹介しました。

　業務マニュアル作成では、単に業務内容や手順だけを詰め込めばよいわけではありません。目的やターゲット、用途を明確にしたうえで、実際の作成とさらにその先の運用まで見越した細かなルール決めの作業が非常に重要なポイントになってくると言えます。

　はじめのうちは、情報収集やルール作りに時間を要したり、完成後の業務マニュアルの運用も大変だったりするかもしれませんが、本書を通じてテクニックを学び、組織やチーム内で体制を整えることで業務マニュアル作成や運用をスムーズに進行できるようになれば幸いです。

　本書は富士通ラーニングメディアの集合研修の1つである「マニュアル企画・設計の進め方〜活用されるマニュアルを効率良く作るコツ〜」をベースとして、集合研修「技術文書をもっとわかりやすく書く〜誤解されない文書を書くテクニック〜」とeラーニング「文章力を鍛える！ビジネス文書作成トレーニング（文書添削）」の内容を加えて作成しています。このほかにも、文書作成のスキルアップができる書籍、eラーニング、集合研修などを提供していますので、次のステップとしてチャレンジしてみてはいかがでしょうか。

FOM出版

業務マニュアルが
チームのシゴトを変える

(FPT2317)

2024年2月8日　初版発行

著作／制作：株式会社富士通ラーニングメディア

発行者：青山　昌裕

発行所：FOM出版（株式会社富士通ラーニングメディア）
　　　　〒212-0014 神奈川県川崎市幸区大宮町1番地5 JR川崎タワー
　　　　https://www.fom.fujitsu.com/goods/

印刷／製本：株式会社広済堂ネクスト

制作協力：株式会社リンクアップ